NAPOLEON HILL

DER TÄGLICHE NAPOLEON HILL

365 LEKTIONEN UM JEDEN TAG ERFOLGREICH ZU SEIN

FBV

Bibliografische Information der Deutschen Nationalbibliothek
Die Deutsche Nationalbibliothek verzeichnet diese Publikation in der Deutschen Nationalbibliografie; detaillierte bibliografische Daten sind im Internet über https://dnb.de abrufbar.

Für Fragen und Anregungen:
info@m-vg.de

4. Auflage 2025

Übersetzung: Bärbel Knill
Redaktion: Anne Horsten
Korrektorat: Silvia Kinkel
Umschlaggestaltung: Karina Braun, München
Satz: ZeroSoft, Timisoara
Druck: GGP Media GmbH, Pößneck
Printed in Germany

ISBN Print 978-3-95972-384-8
ISBN E-Book (PDF) 978-3-96092-710-5
ISBN E-Book (EPUB, Mobi) 978-3-96092-711-2

Inhalt

Vorwort
von Don M. Green

Napoleon Hill befasste sich mit der Frage, warum einige Menschen erfolgreich sind und andere nicht.

Wenn Sie zum ersten Mal etwas von Napoleon Hill lesen, werden Sie bald feststellen, dass die Erfolgsprinzipien, die er untersuchte und über die er schrieb, heute noch ebenso relevant sind wie zu der Zeit, in der er als junger Reporter mit seiner dann lebenslang währenden Arbeit begann. Nehmen Sie sich Zeit, um die Prinzipien zu studieren, und finden Sie für jedes heraus, in welchem Bereich Ihres Lebens Sie es anwenden können – sei es in Ihrer Arbeit oder in einer persönlichen Beziehung –, bis jedes Prinzip Teil Ihrer täglichen Routine wird. Wenn Sie sich die Prinzipien aneignen, die andere zum Erfolg geführt haben, werden sie bei Ihnen ebenso wirken.

Hill wuchs in einer ärmlichen Gegend in den Bergen von Southwest Virginia auf, und daher setzte er Erfolg mit materiellem Besitz gleich. Wenn man heute Menschen um ihre Definition des Erfolgs bittet, sagen sie wahrscheinlich, dass es dabei vor allem um Geld und Besitz geht. In jungen Jahren dachte Hill genauso, doch als er älter wurde und über 500 Menschen befragt hatte, kam er zu der Erkenntnis, dass Geld und Besitz allein noch nicht unbedingt Erfolg bedeuten. Entwickeln Sie als Leser, genau wie Hill, Ihre eigene Definition des Erfolgs. Familie, spirituelles Wachstum oder positives Wirken in der Gesellschaft – all dies gehört zu einem ausgeglichenen und erstrebenswerten Leben.

Hill arbeitete als 18-Jähriger zunächst für Rufus Ayers, ehemals Generalstaatsanwalt in Virginia, ein prominenter Anwalt und einer der einflussreichsten Geschäftsmänner der Region.

Ayers beeinflusste Hill enorm, und er war einer der erfolgreichen Menschen, deren Beispiel Hill für sein Buch *Think and Grow Rich* verwendete, das er 1937 schrieb. Weltweit wurden bisher mehr als 60 Millionen Exemplare verkauft, und bis heute ist es eine gefragte Lektüre.

Hill gab die Anstellung bei Ayers auf, um die Law School in Georgetown zu besuchen, weil er Ayers' Beruf anstrebte. Um die Kosten für die Law School zu bestreiten, übernahm Hill einen Job bei dem Zeitschriftenherausgeber Robert L. Taylor, ehemals Gouverneur von Tennessee.

Hill interviewte weiterhin erfolgreiche Leute, unter anderem Andrew Carnegie, den Gründer von U.S. Steel, einen der reichsten Männer der Welt. Mit diesem Interview im Jahr 1908 begann er seine 20-jährige Forschung über erfolgreiche Menschen, wobei er der Frage auf den Grund ging, warum bestimmte Personen Erfolg haben.

Don M. Green
Executive Director
Napoleon Hill Foundation

Vorwort
von Michael J. Ritt

Napoleon Hill war seiner Zeit voraus. Schon zu Lebzeiten war er als führender Bestsellerautor von Motivationsbüchern anerkannt, doch auch heute noch bieten uns viele seiner Schriften neue Erkenntnisse, wenn wir uns auf sie einlassen.

Sein Bestseller *Think and Grow Rich* erschien in den 1930er-Jahren und hat sich seitdem millionenfach in mehreren Sprachen weltweit verkauft. Es ist eine nachhaltige Philosophie. Fast alle Gedanken Hills über persönlichen Erfolg sind heute noch ebenso anwendbar wie damals, als er sie schrieb.

Ich habe von 1952 bis 1962 selbst mit Hill zusammengearbeitet und war ihm freundschaftlich und beruflich bis zu seinem Tod 1970 verbunden. Bei mir hängt diese handgeschriebene Notiz von ihm an der Wand: »Für meinen guten Freund Michael Ritt, der während der Jahre, in denen wir Partner waren, meinem Werk wertvolle Beiträge beigesteuert hat.«

Wir haben 365 Zitate, Epigramme und Motivationssprüche von Hill gesammelt – eine Botschaft für jeden Tag im Jahr – und sie in, wie wir meinen nützliche, Kategorien eingeteilt. Wir haben jedes Zitat interpretiert und analysiert und vermitteln Ihnen – getreu der Hill'schen Philosophie – Vorschläge und Empfehlungen, wie Sie die Gedanken in den Botschaften umsetzen können.

Hill war überzeugt, dass wir den Lesern nicht nur Inhalte mitteilen, sondern ihnen auch die Anleitung zur Umsetzung vermitteln müssen, damit sie den größtmöglichen Nutzen aus seinem Werk ziehen. In diesem Buch widmen wir uns dieser Aufgabe.

Um möglichst viel Nutzen aus der Lektüre zu ziehen, lesen Sie eine Seite pro Tag. Versuchen Sie an diesem Tag, das Prinzip oder den Gedanken aus der Tagesbotschaft anzuwenden. Am Ende des Tages nehmen Sie sich ein paar Minuten Zeit, um Ihre Leistung zu bewerten und zu erkennen, was Sie hätten besser machen können. Setzen Sie diese Gedanken am nächsten Tag in die Praxis um.

Da Hills Philosophie des persönlichen Erfolgs breit und tiefgründig angelegt ist, findet man bei jeder Lektüre neue Bedeutungsfacetten darin. Ich hoffe aufrichtig, dass seine Worte Sie über Jahre hinweg inspirieren werden, wenn Sie seine Lehre umsetzen.

Und hier die beste Nachricht: Wenn Sie seine Prinzipien studieren und anwenden, kann Ihnen nur Gutes widerfahren. Keiner der Grundsätze ist negativ oder kann Ihnen schaden. Ich hoffe, Sie finden in diesem Buch die Inspiration und den Rat, der Sie zu Ihrer eigenen Größe führt, und dass Sie eines Tages auf den Kauf dieses Buchs als Wendepunkt in Ihrem Leben zurückblicken.

Ich wünsche Ihnen großartigen Erfolg!

Michael J. Ritt, Jr.

Einführung

Ich erinnere mich noch gut an mein erstes Zusammentreffen mit Napoleon Hill, als ob es erst ein paar Tage her wäre. Es war bei einem Lunch vor über vier Jahrzehnten. Ich erzählte ihm, wie ich 1937 ein Exemplar seines Buchs *Think and Grow Rich (Denke nach und werde reich)* geschenkt bekam und viele der Prinzipien darin als meine eigenen erkannte, sodass ich jedem meiner Außendienstler ein Buch schickte. Das Ergebnis war fantastisch! Sie wurden zu einem Leistungsniveau motiviert, das sie zuvor für unmöglich gehalten hatten.

Gegen Ende des Lunchs fragte ich Dr. Hill: »Warum geben Sie Ihren Ruhestand nicht auf und nehmen sich fünf Jahre Zeit, um Ihr Lebenswerk zu vervollständigen?« Seine fast unmittelbare Antwort überraschte mich: »Das werde ich tun … wenn Sie mein General Manager werden!«

In dem Augenblick, bevor ich begeistert zusagte, kam mir zweierlei in den Sinn: dass meine Zeit fast vollständig vom Aufbau meines Versicherungsunternehmens vereinnahmt wurde, und die Erkenntnis, dass die Arbeit mit diesem Mann mir helfen würde, mein Lebensziel zu erreichen und diese Welt zu einem besseren Lebensraum zu machen. Bekanntlich greift ein universelles Gesetz, wenn man sich ein Ziel setzt – besonders ein großes Ziel – und wenn man aufrichtig versucht, es zu erreichen, erkennt und akzeptiert man schnell alles, was einem auf dem Weg dorthin helfen wird.

Dieses Treffen war der Beginn einer Partnerschaft, die zehn Jahre dauern sollte – doppelt so lang, wie ich Hill ursprünglich vorgeschlagen hatte.

Wir waren beide bereit, ein Jahrzehnt unseres Lebens unserer Partnerschaft zu widmen, weil wir erkannten, dass Inspiration – genau wie Begeisterung – erlischt, wenn sie nicht ständig genährt wird. Genau wie man eine ausgeglichene Ernährung und Vitamine braucht, um seinen physischen Körper zu erneuern, so braucht man auch Vitamin I – Inspiration –, um sich einen gesunden Geist und eine gesunde Haltung zu bewahren.

Dieses Buch enthält 365 Zitate von Napoleon Hill, eines für jeden Tag im Jahr. Jedes Zitat ergänzt ein inspirierender Kommentar, der Dr. Hills Worte interpretiert und analysiert und Ihnen verrät, wie Sie die wirkungsvollen Ideen dieser Zitate in Ihrem täglichen Leben anwenden können. Die Erfolgsprinzipien, die Hill in seinen Bestsellern unsterblich gemacht hat, haben die Prüfung der Zeit bestanden, weil sie praktikabel sind. Er hat uns nicht nur gesagt, *was* wir tun sollen; er hat uns auch gesagt, *wie* wir vorgehen können. Überall auf der Welt sind Menschen zu großem Wohlstand und den wahren Reichtümern des Lebens gekommen, weil sie seine Erfolgsphilosophie angewandt haben.

In den Jahren, in denen Dr. Hill und ich zusammenarbeiteten, lag uns daran, das Leben anderer Menschen zu verbessern, indem wir sie motivierten, die bewährten Erfolgsprinzipien zu erlernen und in die Tat umzusetzen. Ich glaube noch heute so wie damals, dass die Anwendung der bewährten Konzepte des positiven Denkens nicht nur zu den gesetzten Zielen führt, sondern auch dazu beiträgt, diese Welt ein Stück weit zu verbessern.

Gleich wer Sie sind, für sich selbst und Ihr Leben sind Sie die wichtigste Person auf Erden. Glauben Sie an sich und bauen Sie auf Ihren positiven Erfahrungen auf. Arbeiten Sie an Ihren positiven Eigenschaften. Konzentrieren Sie sich mit ganzem Herzen darauf, denn durch die Anwendung der Prinzipien des positiven Denkens werden Sie bald überzeugt sein, dass Sie nicht scheitern können und bei allem, was Sie tun, erfolgreich sein werden.

Bedenken Sie auch, dass Wissen allein noch nicht Macht ist – nur *potenzielle* Macht. Sie besitzen bereits durch den wunderbaren menschlichen Computer unbegrenzte Macht – Ihr Gehirn und Nervensystem. In diesem Buch werden Sie erfahren, wie Sie Ihr inneres Potenzial anzapfen und die mögliche Macht durch Ihr Handeln in *echte Macht* wandeln.

Sie können Ihre Zukunft nach Ihrem Willen gestalten, wenn Sie bereit sind, den Preis zu zahlen und die Prinzipien in diesem Buch lesen, verstehen, annehmen und anwenden. Es gibt nur wenige universelle Prinzipien, und sie sind einfach zu lernen; jedes Zitat in diesem Buch unterstreicht und erläutert eines dieser fundamentalen

Prinzipien. Tag für Tag, Woche für Woche, Monat für Monat können Sie die Anwendung verbessern, dank einer Formel, die heute ebenso gut funktioniert wie zu der Zeit, als Napoleon Hill sie zum ersten Mal niederschrieb.

Nutzen Sie diese Zitate, um Ihr positives Denken jeden Tag zu verstärken. Wenn Sie sich entscheiden, ein positives Leben zu führen, wird jeder Schritt in die richtige Richtung belohnt. Manchmal ist dieser Lohn klein und folgt sofort, manchmal groß und langfristig. Dieses Buch wird Ihnen helfen, die nötige Energie aufzubauen, um das ehrgeizigste Ihrer Ziele zu erreichen. Es werden sich Ihnen Chancen eröffnen, und Sie werden sich auch dort Möglichkeiten schaffen, wo es scheinbar keine gibt.

Zudem werden Sie lernen, konstruktiv mit Hindernissen umzugehen. Erfolgreiche Menschen wissen, dass wir alle im Leben Barrieren begegnen, und dass wir nicht immer kontrollieren können, was geschieht; wir können aber sehr wohl kontrollieren, wie wir darauf reagieren. Anstatt eine vorübergehende Niederlage als Scheitern zu bewerten, wissen erfolgreiche Menschen, wie Napoleon Hill es sagte: »In jedem Hindernis steckt die Saat eines Äquivalents oder höherer Nutzen.«

Eine Niederlage ist niemals von Dauer, außer Sie akzeptieren sie als solche. Wenn Sie Ihr Leben positiv gestimmt führen, werden Sie Hindernissen zuversichtlich und entschlossen begegnen, weil Sie erkennen, dass Beschränkungen niemals von Dauer sind. Vorübergehende Rückschläge werden zu Lernerfahrungen, die Sie auf den Erfolg vorbereiten, wenn dieser schließlich eintritt. Die Lebenseinstellung des positiven Denkens wird Sie Ihr Potenzial erkennen lassen.

Nutzen Sie die Zitate in diesem Buch und die ergänzenden Gedanken, um gute Gewohnheiten und positive Charaktereigenschaften zu entwickeln, und um negative Gedanken und Gewohnheiten zu eliminieren. Denken Sie jeden Tag ein paar Minuten nach, indem Sie das Zitat des Tages analysieren und sich überlegen, was es für Ihr Leben bedeutet. Überlegen Sie sich, wie Sie durch die Informationen der Mensch werden, der Sie sein wollen – glücklich, produktiv, positiv und erfolgreich.

Lernen Sie jeden Tag aus der Philosophie von Napoleon Hill. Wir sind alle unterschiedlich, mit eigenen Hoffnungen, Träumen, Wünschen und Zielen für unser Leben, aber die hier dargelegten Prinzipien werden jedem nützen, der sie anwendet. Wenn Sie ein positives Leben führen, können sie das gewünschte Einkommen erzielen und gemeinsam mit Ihrer Familie die wahren Reichtümer des Lebens erlangen. Und Sie werden feststellen: *Was Sie auch immer denken und glauben können, können Sie auch erreichen – mit positivem Denken!*

W. Clement Stone

Januar
CHARAKTEREIGENSCHAFTEN

Lektion 1

Zuverlässigkeit ist das Fundament eines guten Charakters.

Charakterstarke Menschen halten ihre Versprechen zu den vereinbarten Bedingungen. Sie nehmen verantwortliche Positionen ein, und andere folgen ihnen, weil sie bewiesen haben, dass sie sich einsetzen und vertrauenswürdig sind. Wenn Sie sich insofern respektieren, als Sie Ihre Zusagen – auch wenn es unbequem wird – einhalten, werden auch andere Sie respektieren.

Zuverlässigkeit ist, wie jede andere Charaktereigenschaft, eine Gewohnheit. Beginnen Sie heute – am Anfang des neuen Jahres –, sich Zuverlässigkeit anzugewöhnen. Wenn Sie oft Dinge aufschieben oder es schwierig finden, Ihre Verpflichtungen einzuhalten, beginnen Sie klein. Versprechen Sie sich zum Beispiel selbst, pünktlich zu sein, und managen Sie Ihre Zeit entsprechend. Bald werden Sie feststellen, dass es leichter wird, auch andere Zusagen einzuhalten.

Lektion 2

Sagen Sie mir, bei welcher Firma Sie arbeiten, und ich sage Ihnen, wer Sie sind.

Ein Sprichwort sagt: »Gleich und gleich gesellt sich gern.« Wir suchen uns normalerweise Freunde und Geschäftspartner mit denselben Vorlieben wie wir und übereinstimmenden Werten. Wenn Sie von glücklichen, positiv denkenden und produktiven Kollegen umgeben sind, werden Sie wahrscheinlich auch bald glücklich, positiv gestimmt und produktiv sein. Leider gilt das auch im umgekehrten Fall. Unglückliche, negativ denkende, destruktive Menschen werden Sie mit Sicherheit mit in den Abgrund ziehen.

Entscheiden Sie sich, Ihre Zeit vor allem mit Menschen zu verbringen, die positiv denken. Falls Ihr Job erfordert, sich mit negativ eingestellten Menschen abzugeben, halten Sie die Zeit mit ihnen so knapp wie möglich, und vor allem lassen Sie sich nicht durch diese Leute und ihre negative Art beeinflussen. Legen Sie stattdessen Ihre eigene positive Haltung an den Tag.

LEKTION 3

IHR RUF ZEIGT, WAS DIE LEUTE ÜBER SIE DENKEN; IHR CHARAKTER ZEIGT, WER SIE WIRKLICH SIND.

Sie möchten, dass Ihr Ruf und Ihr Charakter übereinstimmen – dann konzentrieren Sie sich auf Ihren Charakter. Sie können andere vielleicht eine Zeit lang über Ihr wahres Selbst täuschen, aber das geht selten lange gut. Wenn Sie Ihren Ruf und Ihren Charakter in Einklang bringen möchten, leben Sie am besten so, dass Ihnen keine Ihrer Handlungen peinlich wäre, falls diese auf der Titelseite einer Zeitung stünde. Ein guter Charakter geht niemals ethische Kompromisse ein, auch wenn alle anderen so handeln mögen. Sie bilden einen guten Charakter, indem Sie das Richtige tun, weil es das Richtige ist.

Lektion 4

Jeder Gedanke wird dauerhaft Teil Ihres Charakters.

Gedanken sind handfeste Dinge. Jeder Ihrer Gedanken – ob gut oder schlecht –, ist eine Form von Energie, die sich positiv oder negativ auf diejenigen auswirken kann, die sie empfangen. Darüber hinaus beeinflussen Ihre Gedanken Sie selbst. Sie werden zu dem, woran Sie am meisten denken. Wenn Sie Erfolg im Sinn haben, konditionieren Sie Ihren Verstand, erfolgreich sein zu wollen, und ziehen den Erfolg magisch an. Umgekehrt, wenn Sie an Scheitern und Verzweiflung denken, werden Sie sich schlecht fühlen und verzweifeln. Um Ihren Verstand auf der positiven Spur zu halten, verbannen Sie negative Gedanken bewusst, sobald Sie diese bemerken. Ersetzen Sie sie durch ihr positives Gegenteil.

Lektion 5

Ein starker Charakter macht uns wahrhaft reich, weil er uns Kraft gibt, die Widrigkeiten des Lebens zu nutzen, anstatt von ihnen überrollt zu werden.

Ohne positives Denken könnte man das Leben als lange Phasen der Unsicherheit beschreiben, gelegentlich unterbrochen von schlimmen Ereignissen, die den Menschen im Kern erschüttern. Diese Vorfälle können die Finanzen betreffen, das Privatleben oder die Gesundheit, doch jedes davon muss einzeln und schnell behandelt werden. Der sicherste Weg aus jeder Krise ist, sich auf Lösungen zu konzentrieren, nicht auf die wahrscheinliche Ursache des Problems oder wer es ausgelöst haben könnte. Erfassen Sie einen Schaden kurz, nehmen Sie sich Zeit, die Alternativen und ihre Konsequenzen durchzugehen, und handeln Sie dann, indem Sie die beste Lösung umsetzen. Wenn Sie den Unbilden des Lebens nach Ihren eigenen Vorstellungen begegnen, werden Sie ein stärkerer, besserer Mensch, weil Sie ihnen ins Auge geblickt und sie bezwungen haben.

Lektion 6

Manche Menschen sind wie eine billige Uhr. Sie sind nicht zuverlässig.

Es wäre unrealistisch, von einer billigen, in Massen produzierten Armbanduhr zu erwarten, dass sie genauso exakt funktioniert wie eine fein gearbeitete Rolex. Ihr Material ist nicht von derselben Qualität, und sie wurde nicht mit derselben Handwerkskunst gefertigt. Dennoch scheinen wir irgendwie zu glauben, wir müssten unserem wichtigsten Gut nur wenig Aufmerksamkeit widmen: uns selbst.

Überlassen Sie etwas so Wichtiges wie Ihren Charakter nicht dem Zufall. Wählen und entwickeln Sie Charakterzüge, die Sie schätzen. Lassen Sie sich nicht entmutigen, wenn Sie einmal stolpern. Den Charakter aufzubauen, ist ein lebenslanger Prozess. Zum Glück ist es damit wie mit allem: Je mehr Sie an der Bildung Ihres Charakters arbeiten, desto besser werden Sie darin.

Lektion 7

Suchen Sie sich eine Person aus, die Sie bewundern, und ahmen Sie ihn oder sie so gut Sie können nach. Das mag wie Heldenverehrung anmuten, verbessert aber den Charakter.

Der Unterschied zwischen blauäugigem Heldenkult und wohl überlegtem Nachahmen von Rollenvorbildern liegt in der Fähigkeit, zwischen guten und weniger guten Charaktereigenschaften zu unterscheiden. Ihre Helden sind nicht perfekt; niemand ist das.

Akzeptieren Sie, dass wir alle Menschen sind, seien Sie nachsichtig, wenn Ihre Helden Fehler zeigen, und ahmen Sie weiterhin die positiven und respektablen Züge dieser Personen nach. Wenn Sie Ihren Charakter mit dem erfolgreicher Menschen vergleichen, erweitern Sie damit Ihren Horizont und setzen sich höhere Ziele. Wenn Sie sehen, was andere erreicht haben, und welchen Charakter sie dabei entwickelt haben, erkennen Sie deutlicher, wie Sie Ihre eigene Leistung verbessern können.

Lektion 8

Überheblichkeit weist meistens auf einen Minderwertigkeitskomplex hin.

Wirklich fähige Menschen müssen mit ihren Leistungen nicht prahlen; sie lassen ihre Taten für sich sprechen. Wer mit seinen Leistungen angibt, zeigt dadurch, dass er bezüglich seines Werts in der Welt unsicher ist. Der Baseball-Manager Tommy Lasordea sagte einmal, es gebe jene, die zusehen, wie etwas passiert, jene, die sich fragen, was passiert ist, und jene, die dafür sorgen, dass etwas passiert. Werden Sie zu jemandem, der etwas passieren lässt. Wenn Sie anderen *zeigen*, was Sie schaffen können, wird man Sie weit mehr respektieren, als wenn Sie nur erzählen, was Sie getan haben. Jeder kann große Reden schwingen, aber Taten sprechen für sich selbst.

Lektion 9

Derbe Sprache zeugt von mangelhaftem Wortschatz oder schlechtem Urteilsvermögen – oder beidem.

Mark Twain stellte einmal fest, dass »der Unterschied zwischen dem richtigen Wort und dem beinahe richtigen Wort wie der Unterschied zwischen einem Blitz und einem Glühwürmchen ist«. Derbe Sprache ist niemals angebracht, besonders bei Leuten, die man nicht gut kennt. Bauen Sie stattdessen Ihren Wortschatz aus, indem Sie lesen und lernen, sodass Sie sich einfach und eloquent ausdrücken. Wenn Sie Ihren Wortschatz erweitern, profitiert auch Ihr Verstand davon, denn um Worte und ihre Bedeutung zu verstehen, muss man auch die Ideen dahinter verstehen. Sorgen Sie täglich für Zeit zum Lesen und Nachdenken.

Lektion 10

Falls Sie jemanden täuschen müssen, dann niemals Ihren besten Freund – sich selbst.

Wenn Sie sich selbst besser verstehen – Ihre Ziele, Träume und Sehnsüchte – verstehen Sie auch die Menschen in Ihrem Umfeld besser. Deshalb ist es wesentlich, sich selbst gegenüber immer aufrichtig zu sein. Sobald Sie sich selbst belügen, beginnt Ihr Charakter, sich schlecht zu entwickeln; es ist der Anfang eines Denkprozesses, um inakzeptables Verhalten zu rechtfertigen. Werden Sie zu einem Menschen, den *Sie selbst* mögen, jemand mit gutem Charakter. Falls Sie sich selbst ablehnen, wie können Sie dann von anderen erwarten, Sie zu mögen? Treten Sie einen Schritt zurück und betrachten Sie Ihr Verhalten so objektiv wie möglich. Fragen Sie sich: »Bin ich ein Mensch, mit dem ich gerne zusammen wäre?« Das Ziel, gute Charakterzüge zu entwickeln, erreicht man ebenso wie andere Ziele. Legen Sie fest, wo Sie stehen wollen, und entwickeln Sie dann einen Plan, wie Sie dorthin gelangen.

Lektion 11

Geld kann einen guten oder schlechten Einfluss ausüben. Es kommt auf den Charakter des Besitzers an.

Bekanntlich hat Geld selbst keinen Charakter, keine Persönlichkeit, keine Werte. Seine Wirkung spiegelt nur die Wünsche seines Besitzers wider. Mit Geld kann man großartige Krankenhäuser und Schulen bauen oder man kann es verspielen oder mit dem Erwerb sinnloser Besitztümer vergeuden. Mit Geld kann man Museen bauen, in denen wunderschöne Kunstwerke untergebracht werden, man kann damit imposante Gotteshäuser bauen – oder Werkzeuge für Krieg und Zerstörung schaffen.

Während Sie Ihren Wohlstand aufbauen, sollten Sie weiter an Ihrem Charakter arbeiten, indem Sie stets einen Teil Ihres Einkommens für einen guten Zweck spenden. Suchen Sie sich eine Kirche, eine Hilfsorganisation oder Projekte, die Sie gerne fördern würden. Opfern Sie dann einen bestimmten Betrag und etwas Zeit, um diese Sache zu unterstützen. Der primäre Nutznießer solcher edlen Handlungen ist immer der Spender, nicht der Empfänger.

Lektion 12

Niemand ist so gut, dass er nichts Schlechtes aufweist, und niemand ist so schlecht, dass er nichts Gutes mitbringt.

Wir Menschen sind komplexe Wesen. Vielen religiösen Schriften und großartigen Werken der Literatur liegt der permanente Kampf zwischen Gut und Böse zugrunde, der in jedem von uns tobt. Dieser Kampf ist so alt wie die Menschheit. Doch auch wenn wir uns selbst eingestehen, dass wir zu kämpfen haben, verurteilen wir andere häufig vorschnell. Die Psychologie lehrt uns, dass es so etwas wie einen schlechten Menschen nicht gibt; es gibt nur schlechtes Verhalten.

Achten Sie auf das Gute in sich selbst – und anderen. Stärken Sie die guten Charakterzüge und arbeiten Sie an den verbesserungswürdigen. Genau wie Pflanzen in einem Garten werden diejenigen Merkmale stark und produktiv, die regelmäßig genährt, gegossen und gepflegt werden.

Lektion 13

Wer nur zu einem bestimmten Preis ehrlich ist, sollte als unehrlich gelten.

Eine graduelle Abstufung von Ehrlichkeit existiert nicht. Es gibt nur ein entweder oder. Entweder ist man ehrlich oder nicht. Ehrlichkeit gibt es nicht zu einem bestimmten Preis; sie ist bereits die Belohnung. Sie ist auch die effizienteste Form menschlichen Verhaltens. Ehrliche Menschen müssen sich nie Gedanken machen, welche Lüge sie nun wem erzählt haben, und sie müssen nie befürchten, erwischt zu werden. Damit sind sie frei und können all ihre Energien auf produktivere Dinge fokussieren.

Gewöhnen Sie sich an, in jedem Fall immer ehrlich zu sein. Falls Sie keine ehrlichen Worte äußern können, sagen Sie lieber gar nichts. Denken Sie daran: Kleine Lügen sind zu Beginn gar nicht schlimm, aber bald schon entwickeln sie ein Eigenleben. Eine kleine Lüge erfordert eine größere, um sie zu verbergen, und bald sind immer mehr und größere Lügen nötig. Schwindeln Sie erst gar nicht und entwenden Sie nichts, das nicht Ihnen gehört, und Sie müssen sich nie Sorgen machen.

Lektion 14

Ein fauler Mensch ist entweder krank oder hat noch nicht die Arbeit gefunden, die er wirklich mag.

Niemand ist von Natur aus faul. Es entspricht der menschlichen Natur, etwas leisten zu wollen, es sei denn, wir sind krank. Es ist ein sicheres Zeichen, dass man sich von einer Krankheit erholt, wenn man aufstehen und herumgehen, wieder zur Arbeit gehen oder irgendetwas unternehmen will. Inaktivität führt zu Langeweile, und Langeweile führt zu »Faulheit«. Umgekehrt führt Aktivität zu Interesse, und Interesse mündet in Begeisterung und Ehrgeiz.

W. Clement Stone sagte oft: »Die Emotionen unterliegen nicht immer der Vernunft, aber immer der Aktion!«

Finden Sie heraus, worin Sie am besten sind und was Sie gerne tun, und brennen Sie dafür, es so gut wie möglich zu machen. Und dann werden Sie aktiv!

Lektion 15

Charakterstarke Menschen müssen sich keine Sorgen über ihren guten Ruf machen.

Thomas Jefferson sagte einmal, für eine Mehrheit bedürfe es nur eines einzigen Menschen, der mutig genug ist, zu seinen Überzeugungen zu stehen. Wenn Sie den Mut der aufrichtigen Überzeugung besitzen, ein Mensch mit gutem Charakter und aufrichtig, zuverlässig, freundlich und fürsorglich zu sein, müssen Sie sich niemals den Kopf zerbrechen, was andere über Sie denken. Solange Sie in Ihrem Herzen wissen, dass Sie gut und anständig sind, können Sie sich den Herausforderungen des Lebens offen stellen, ohne Furcht, was andere meinen.

Lektion 16

Pflegen Sie Ihren Charakter, und Ihr guter Ruf wird sich von selbst einstellen.

Die meisten von uns erleben hin und wieder, dass uns nahestehende Menschen missverstehen. Sie meinen, wir führen etwas für sie Ungutes im Schilde, während wir tatsächlich ganz andere Absichten hegen. Solche Missverständnisse sind meist schnell ausgeräumt, und das Leben geht weiter. Dasselbe gilt auch für Charakter und Ruf. Wenn Ihr Ruf aus irgendeinem Grund nicht mit Ihrem Charakter übereinstimmt, wird er sich schnell von selbst korrigieren, sobald andere merken, dass Sie anders sind, als sie angenommen hatten.

Wenn Ihr Fundament stark ist, müssen Sie sich niemals Sorgen über solche Missverständnisse machen. Die anderen werden bald erfahren, was für ein Mensch Sie wirklich sind. Nutzen Sie Ihre Zeit und Energie für ständige Reflexion und Selbstverbesserung und bauen Sie sich einen starken Charakter auf, dann werden Sie sich niemals Sorgen über die Meinung anderer machen müssen.

Lektion 17

Alle Lügen kommen mit der Zeit ans Licht.

Es ist praktisch unmöglich, die Wahrheit für immer zu verbergen. Es ist quasi ein Naturgesetz, dass die Wahrheit am Ende herauskommt. Darauf basiert unser Rechtssystem, und es ist das Fundament für alle menschlichen Beziehungen. Eine geschäftliche, berufliche oder persönliche Beziehung, die auf einer Lüge aufgebaut ist, kann nicht lange bestehen. Aber eine Verbindung, die auf Wahrheit und gleichem Nutzen für beide Seiten beruht, kann endlos andauern.

Bleiben Sie stets bei der Wahrheit – auch wenn es gar nicht wichtig ist – und Sie werden sich angewöhnen, aufrichtig zu sein. Sie werden instinktiv wissen, dass es besser ist, ehrlich zu sein und die Konsequenzen zu tragen, als eine Lüge vorzuschieben, die sich am Ende doch der Welt offenbart.

Lektion 18

Man ist entweder ehrlich oder unehrlich. Dazwischen gibt es keinen Kompromiss.

Polizeibeamte, die mit Betrug und Diebstahl zu tun haben, sagen, dass sie oft erstaunt sind, welch kleine Beträge manche Menschen stehlen. Einige Leute verkaufen ihre Integrität für Almosen. Für sie ist unehrliches Verhalten nicht die Ausnahme, sondern ein Lebensstil. Wer bei unerheblichen Dingen schwindelt oder geringfügige Geldbeträge stiehlt, gewöhnt sich Lügen und Stehlen an.

Bedenken Sie Ihr Verhalten: Können Sie mit Stolz sagen, dass Sie immer ehrlich waren? Falls nicht, mag es an der Zeit sein, über Ihr unehrliches Verhalten nachzudenken. Warum haben Sie so gehandelt? War es das wert? Wären die Konsequenzen eines ehrlichen und aufrichtigen Verhaltens in diesen Situationen nicht viel besser gewesen? Lernen Sie aus Ihren Fehlern und nehmen Sie sich ernsthaft vor, vom heutigen Tag an immer ehrlich sein zu wollen.

Lektion 19

Banker gewähren Kredite eher aufgrund des Charakters ihrer Kunden als aufgrund ihres guten Rufs, denn sie wissen, dass nicht jeder gute Ruf verdient ist.

Wenn ein Banker hinterfragt, ob ein Kunde kreditwürdig ist, sind ihm drei Punkte besonders wichtig: die Fähigkeit des Kreditnehmers, den Betrag zurückzuzahlen, die Bonität und der Charakter des Kunden. Die ersten beiden Einschätzungen kann er mathematisch errechnen; die dritte erfordert Urteilsvermögen und Erfahrung. Kluge Banker wissen, dass charakterstarke Menschen immer ein kleines Risiko darstellen, weil sie ihre Verpflichtungen ernstnehmen, während Leute, die ihr Geld für Statussymbole ausgeben, sich keineswegs für Kredite eignen.

Schützen Sie Ihren guten Ruf ebenso wie Ihr Haus, Ihre Investitionen und Ihr Leben. Ist der Ruf einmal ruiniert, können nur Menschen ihn wiederherstellen, die mutig und willensstark genug sind, um große Widerstände zu überwinden.

Lektion 20

Aufrichtigkeit ist unbezahlbar.

Es gibt viele praktische Gründe, aufrichtig zu sein. So ist es weit weniger anstrengend, ehrlich zu sein als zu lügen, und auf lange Sicht birgt es weniger Risiken und höheren Lohn. Aber in der heutigen komplexen Gesellschaft sind die Grenzen des akzeptablen Verhaltens verschwommen, manchmal sind sie nicht einmal mehr zu erkennen. Gesetze und ethische Normen diktieren ein *Minimum* an Verhaltensregeln. Sorgen Sie dafür, dass Ihre eigenen Grundsätze besser als minimal sind. Diesen Standard sollten Sie nicht unterschreiten, egal was andere tun oder sagen. Ihr eigener Normenkatalog wird Ihnen ermöglichen, sich in einer schwierigen Situation schnell und leicht für das angemessene Verhalten zu entscheiden.

Lektion 21

Es ist leicht, Unehrlichkeit zu rechtfertigen, wenn Sie davon leben.

Das Unterbewusste trifft kein moralisches Urteil. Wenn Sie sich etwas immer wieder einreden, wird es irgendwann selbst die eklatanteste Lüge akzeptieren. Menschen, die ihr Leben und ihre Karriere durch unehrliches Verhalten ruinieren, beginnen sich selbst zu zerstören, sobald sie sich einreden, eine kleine Regelabweichung sei akzeptabel. Wenn Sie einer Idee folgen, sollte diese positiv sein, Ihnen nützen und anderen nicht schaden. Negative Gedanken und Taten fallen auf den zurück, der sie hervorgebracht hat, und mit den positiven ist es genauso. Wenn Sie aufrichtig und ethisch handeln, setzen Sie eine positive Kraft in Gang, die Ihnen vielfach zugutekommt.

Lektion 22

Zu viel Wahrheit nervt manche Menschen mehr als zu wenig.

Bei Schulkindern ist das Spiel »Sag die Wahrheit« beliebt. Die Regel ist einfach: Eine Weile müssen die Teilnehmer die Wahrheit sagen, egal worüber. Dann werden einander wichtige Fragen gestellt, wie: »Findest du meine Haare schön?« oder »Findest du Lindsay süß?« Natürlich ärgert es immer jemanden, wenn Freunde ihm die Wahrheit verheimlicht und »kleine Notlügen« verwendet haben, um seine Gefühle nicht zu verletzen. Auch wenn das Spiel vorbei ist, sind die Lehren daraus nicht so schnell wieder vergessen.

Anderen gegenüber ehrlich zu sein heißt nicht, brutal zu sein. Unter dem Vorwand der Aufrichtigkeit und weil man nur »das Beste« für sie will, muss man anderen nicht alles sagen, was man an ihnen nicht mag. Manchmal ist es besser, nicht die Meinung eines jeden über uns zu kennen. Gegenseitiger Respekt und Wertschätzung gebieten oft, anderen gegenüber mit der Wahrheit zurückhaltend zu sein, anstatt zu viel preiszugeben.

Lektion 23

Höflichkeit fängt meist zu Hause an – oder sie fängt gar nicht an.

Höflichkeit entsteht aus Respekt für das Gegenüber, und diese Tugend lernt man als Kind. Wenn andere Familienmitglieder Sie respektvoll behandeln, halten Sie es ebenso. Das Selbstwertgefühl resultiert daraus, dass nahestehende Menschen Sie als einzigartige Person anerkennen, und durch dieses Selbstwertgefühl entwickeln Sie die Zuversicht, um im späteren Leben erfolgreich zu sein. Höflichkeit und Rücksichtnahme bleiben Ihnen – einmal entwickelt – normalerweise ein Leben lang erhalten. Auch wenn Höflichkeit im großen Zusammenhang eher unbedeutend erscheinen mag, ist sie doch ein Spiegel von tieferliegenden Werten. Noch wichtiger: Wenn Sie andere stets respektieren, werden Sie wahrscheinlich auch von diesen respektiert.

Lektion 24

Wer seine Zeit mit Klatsch, Tratsch und übler Nachrede verbringt, hat keine Zeit für Erfolg.

Jeder von uns hat nur begrenzt Zeit, Energie und Geld; jeder entscheidet, wofür er sie opfert. Wenn Sie aus Gewohnheit andere schlecht machen, um Ihre eigenen Interessen voranzubringen, werden Sie bald feststellen, dass Sie so viel Zeit und Energie auf Klatsch und üble Nachrede vergeudet haben, dass Ihnen nur noch wenige Ressourcen bleiben. Wenn Sie Informationen weitergeben, die anderen bewusst schaden, wird man Ihnen nicht trauen. Denn jeder weiß: Wer bei uns über andere herzieht, tratscht auch bei anderen über uns.

Lektion 25

Um grosse Leistungen muss man kämpfen.

»Unsere Stärke erwächst aus unserer Schwäche«, sagte Ralph Waldo Emerson. »Die Entrüstung, die sich mit geheimen Kräften bewaffnet, erwacht nicht eher, als bis wir aufgestachelt, gekränkt und schmerzlich angegriffen sind.« Konflikt und Kampf können uns inspirieren, Widerstände zu überwinden, und uns zu echter Leistung anspornen. Sehen Sie jeden Kampf als Chance für persönliches Wachstum an. Der Kampf formt einen guten Charakter, nicht das Ergebnis. Wenn Sie wissen, dass Sie recht haben, bleiben Sie beharrlich, auch wenn die ganze Welt gegen Sie zu sein scheint und jeder, den Sie kennen, Ihren Standpunkt infrage stellt. Wenn Sie recht behalten – und das werden Sie, wenn Sie dranbleiben –, werden Ihnen alle bestätigen, sie hätten stets gewusst, dass Sie es schaffen.

Lektion 26

Suchen Sie den Grund für Ihr Unglück nicht in den Sternen. Arbeiten Sie an sich, um besser zu werden.

Sie können vieles nicht kontrollieren, aber Sie haben das in der Hand, was wirklich zählt: Ihren Verstand und Ihre Einstellung. Externe Umstände haben nur wenig mit Erfolg zu tun. Wer sich auf Erfolg programmiert, findet selbst unter den schwierigsten Bedingungen Wege, erfolgreich zu sein. Die Lösung für die meisten Probleme kommt allein aus einer einzigen Quelle: aus Ihnen selbst.

Sich voll und ganz auf das Leben einzulassen, ist, als würde man mit dem Schlauchboot Stromschnellen hinunterrasen. Hat man sich einmal dafür entschieden, kann man nur schwer seine Meinung ändern, umkehren und den Strom hinaufpaddeln, um wieder in ruhigere Gewässer zu gelangen. Aber die Aufregung und das Abenteuer sind es wert. Wenn Sie es nie wagen, werden Sie vielleicht nie die Tiefen der Verzweiflung kennenlernen, aber Sie werden auch nicht den Rausch des Erfolgs erleben.

Lektion 27

Selbstachtung ist der beste Weg zum Respekt anderer.

Kennen Sie Menschen, die keine Sekunde allein sein können? Vermutlich können diese Leute sich selbst nicht besonders gut leiden. Sie brauchen ständig andere um sich herum, um Anerkennung zu spüren. Leider sind Menschen, die andere am meisten brauchen, bei anderen kaum beliebt. Weil sie sich selbst nicht mögen, mögen andere sie auch nicht wirklich. Der sicherste Weg zur Anerkennung ist, sich selbst zu mögen. Finden Sie heraus, welche Eigenschaften Sie an anderen bewundern, und arbeiten Sie daran, sich in diese Richtung zu entwickeln. Ihre Selbstachtung wird wachsen, sobald Sie sich entschließen, den ersten Schritt zu tun und der Mensch zu werden, der in Ihnen steckt. Und Sie wissen, dass er sich dort verbirgt.

Lektion 28

Ein guter Charakter beginnt mit ausgeprägter Selbstachtung.

Niemand weiß genau, wie wir Selbstachtung entwickeln, aber Experten meinen, es beginnt in früher Kindheit. Eltern, die ihren Kindern zeigen, dass sie sie als Mensch bedingungslos lieben, bilden damit eine Grundlage für eine gesunde, lebenslang haltende Selbstachtung ihrer Kinder. Auf dieser Basis entwickelt sich die moralische und ethische Struktur, die wir als Charakter bezeichnen.

Eine gesunde Selbstachtung sollte nicht mit Egoismus verwechselt werden. Ein Egoist liebt sich selbst aus oberflächlichen Gründen, während ein Mensch mit Selbstachtung auf die Eigenschaften stolz ist, die er oder sie durch harte Arbeit entwickelt hat.

Lektion 29

Wenn Sie mehr Feinde als Freunde haben, ist die Wahrscheinlichkeit tausend zu eins, dass Sie es nicht anders verdient haben.

Abraham Lincoln hat einmal festgestellt: »Man kann vielleicht das ganze Volk eine Zeit lang täuschen; man kann sogar einen Teil des Volkes die ganze Zeit täuschen; aber man kann nicht das ganze Volk die ganze Zeit täuschen.« Egal wie geschickt Sie sich selbst verkaufen, die anderen werden Ihre Maskerade am Ende durchschauen und Sie als das erkennen, was Sie wirklich sind. Im Allgemeinen akzeptieren die Menschen Sie so, wie Sie sich selbst darstellen, bis sich Ihr wahres Gesicht zeigt. Machen Sie sich Freunde, keine Feinde.

Lektion 30

Meditation ist sehr nützlich, um auf die eigene innere Stimme zu horchen.

Jeder von uns erlebt jene seltenen Momente, in denen uns alles in einem hellen Licht erscheint und wir die Dinge plötzlich anders sehen als je zuvor. Im Allgemeinen erfahren wir die Wahrheit über uns selbst nach und nach, über längere Zeitphasen hinweg, durch stille Innenschau. Wir sind alle spirituelle Wesen, aber manche von uns nutzen die Möglichkeit, effektiv aus der großen Kraft ihrer spirituellen Seite zu schöpfen.

Die spirituelle Welt ist nicht laut oder lärmend. Um zu Ihrem spirituellen Selbst Kontakt aufzunehmen, benötigen Sie Ruhe und Einsamkeit. Reservieren Sie jeden Tag etwas Zeit, um zu reflektieren und über Ihr Leben nachzudenken. Suchen Sie dafür den passenden Zeitpunkt und Ort, um sich gut zu entspannen und sich der Reflexion widmen zu können.

Lektion 31

Sofern Sie sich vollkommen unter Kontrolle haben, sind Sie Herr Ihrer Selbst.

Wir alle lassen uns manchmal von anderen zu einer emotionalen Reaktion hinreißen, besonders im Zorn. Oft bedauern wir später unser Verhalten und schwören uns, uns nie mehr so zu benehmen. Wenn Sie das nächste Mal wütend sind, erinnern Sie sich daran, dass niemand Sie ohne Ihr Einverständnis zornig oder emotional machen kann – dies bedarf Ihrer aktiven Teilnahme.

Menschen, die sich unter Kontrolle haben, sind in der Lage, zu führen. Sie werden ausgewählt, um andere anzuleiten, weil sie bewiesen haben, dass sie sich selbst führen können. Sie sind charakterstarke Menschen.

Februar
EIGENINITIATIVE

Lektion 1

Derjenige bekommt den besten Job, der ihn verantwortungsvoll und ohne Ausreden erledigt.

Bei einigen Menschen scheint der Erfolg über Nacht zu kommen. Doch oft erfahren wir später, dass sie jahrelang im Verborgenen hart gearbeitet haben, bevor man ihr Engagement anerkannte und belohnte. Erfolg entspringt kontinuierlicher Leistung; in den meisten Bereichen ist der Weg nach oben lang und erfordert eine sorgfältige Planung.

Wenn Sie die oberste Sprosse auf der Erfolgsleiter erklimmen wollen, müssen Sie Aufgaben immer aus eigenem Antrieb erledigen, auch wenn diese nicht eben reizvoll oder sogar unangenehm sind. Am Ende winkt Ihre Belohnung. Sie werden zu einem Boss oder einer Führungskraft, weil Sie sich angewöhnt haben, die Initiative bei allen Tätigkeiten zu ergreifen. Sie werden die besten Jobs ergattern, weil Sie Ihre Zuverlässigkeit bewiesen haben, indem Sie Verantwortung für Ihre Handlungen und Ihre Zukunft übernommen haben.

Lektion 2

Handeln Sie aus eigenem Antrieb, aber übernehmen Sie auch die volle Verantwortung für Ihre Handlungen.

Einer der Hauptunterschiede zwischen Menschen, die Großes erreichen, und Menschen, die »einfach nur zurechtkommen«, ist, dass erfolgreiche Personen schon früh im Leben Verantwortung übernommen haben. Nur Sie selbst können sich erfolgreich machen oder sich davon abhalten, Ihre Ziele zu erreichen.

Die Initiative zu ergreifen bedeutet, eine Führungsrolle anzunehmen – eine Position, die Sie Lob oder der Kritik aussetzt. Eine gute Führungskraft teilt die Anerkennung für Erfolg mit anderen und übernimmt die volle Verantwortung für Misserfolge oder vorübergehende Rückschläge. Wenn Sie verantwortlich handeln, gewinnen Sie den Respekt anderer und sind auf dem besten Weg, sich Ihre Zukunft aufzubauen.

Lektion 3

Alles, was Eigeninitiative unterdrückt, behindert persönlichen Erfolg.

Die großen Organisationen – Unternehmen, die Regierung oder das Militär – stellen zunehmend fest, dass sie durch die Standardisierung von Prozessen und die Zentralisierung der Entscheidungsbefugnis eine Bürokratie geschaffen haben, die Innovation und Initiative im Keim erstickt. Dadurch verlieren sie gegenüber schlankeren, autonomer arbeitenden Einheiten, die Eigeninitiative fördern, an Boden.

Eine Kultur, die eine angemessene Risikobereitschaft bremst und Schuldzuweisung anstatt Problemlösung betreibt, vermeidet sicherlich Fehler – weil gar nichts mehr unternommen wird! Innovation bedeutet ausprobieren und scheitern, es wieder versuchen und erfolgreich sein. Selten ist eine völlig neue Idee schon perfekt. Eine Kultur, die Menschen ermutigt, Initiative zu ergreifen und etwas Neues auszuprobieren, fördert den Erfolg des Einzelnen wie den der Gruppe.

Lektion 4

Hohe Gehälter und Verantwortungsbewusstsein gehen Hand in Hand.

Bekanntlich ist es Aufgabe einer Führungskraft, andere zu einem hohen Leistungsniveau anzuspornen, während ein Manager das Vermögen der Investoren schützen muss. Die erfolgreichsten Menschen wissen, worin sich Führungs- und Managementverantwortung gleichen bzw. unterscheiden und erfüllen beide mit derselben Kompetenz und Souveränität. Wenn sie so handeln, kennen sie den angemessenen Lohn für ihre Leistungen.

Wenn Sie die Verantwortung für Ihr eigenes Handeln gerne annehmen und durch Ihre Arbeit die Interessen Ihres Arbeitgebers schützen, werden Sie mit immer mehr Verantwortung betraut. Und wer Verantwortung übernimmt – für den Erfolg eines Projekts oder einer Organisation –, wird in die höchste Gehaltsstufe aufsteigen.

Lektion 5

Wenn Sie eine Aufgabe wie jemand anderes erledigen, muss er oder sie die Verantwortung tragen. Wenn Sie es auf Ihre Weise tun, sind Sie verantwortlich.

Das Gefühl der »Einsamkeit an der Spitze«, das höhere Führungskräfte kennen, stellt sich aufgrund der Gewissheit ein, dass sie allein für Misserfolg oder Erfolg der Organisation verantwortlich sind. Auch wenn sie ihre Autorität mit Partnern teilen, teilen sie dennoch nicht die Verantwortung. Wenn ein Sport-Franchising-Unternehmen in einer Saison Verluste schreibt, werden der General Manager und die Coaches verantwortlich gemacht. Sie, nicht die einzelnen Filialleiter, sind verantwortlich für den Misserfolg des Teams; das Team hat nur Anweisungen befolgt. Als Führungskraft geben Sie den Kurs vor und müssen auch die Verantwortung für das Ergebnis übernehmen.

Lektion 6

Grosses Gehalt und kleine Verantwortung sind eine seltene Kombination.

Es ist möglich, ohne irgendeine Verantwortung durchs Leben zu gehen, aber diese Freiheit von den Sorgen der Welt geht mit enormem finanziellen Verzicht einher. Wenn Sie immer durch die Hintertür ausbüxen, sobald die Verantwortung zur Vordertür hereinkommt, werden Sie auch die Chancen der Verantwortung versäumen. In fast jedem Beruf, fast jeder Berufung, verhält sich die Vergütung direkt proportional zur Verantwortung in Ihrer Position.

Gewöhnen Sie sich an, freiwillig mehr Verantwortung zu übernehmen, oder sie einfach zu akzeptieren, wenn sie sich Ihnen stellt. Manchmal muss man mit einer Aufgabe fertigwerden, ohne dass einem zuvor die Verantwortung zugewiesen wurde. Wenn Sie sich als ein Macher erweisen, werden sich die Verantwortung und das höhere Gehalt entsprechend einstellen.

Lektion 7

Das Privileg, Kinder auf die Welt zu bringen, umfasst die Verantwortung, ihnen die Basis eines guten Charakters zu vermitteln.

Eine der größten Freuden ist das Wunder der Ankunft eines kleinen neuen Menschen in der Welt. Doch diese Freude geht mit einer enormen Verantwortung einher, die wiederum vollkommene Eigeninitiative erfordert. Man kann Kinder rundum verwöhnen, aber wenn Sie ihnen kein gutes Beispiel sind, werden Sie nur Probleme mit Ihren Kindern haben, sobald sie das Erwachsenenalter erreichen und sich in ziellose Herumtreiber verwandeln.

Ihre Eigeninitiative muss immer beispielhaft für andere sein, egal ob Sie ein Kind erziehen oder nicht. Man kann nicht im kleinen oder großen Stil ethisch tricksen, ohne dass andere Leute es bemerken und es als ein Verhalten werten, das Sie auch sich selbst gegenüber akzeptieren würden. Jeder macht Fehler, aber wenn Sie immer nach dem besten Kurs streben, werden andere sich daran erinnern und Sie entsprechend behandeln.

Lektion 8

Greifen Sie nicht nach dem Job eines anderen, wenn Sie nicht bereit sind, die Verantwortung zu übernehmen.

Wie oft schauen Sie auf Ihre Kollegen und sagen: »Ich könnte ihre Jobs besser machen als sie, wenn ich nur die Gelegenheit bekäme.« Dabei wissen Sie nicht, welchen Preis die anderen zahlen, und welches Wissen sie für diese Position erworben haben. Es ist einfach, ein »Montagmorgen-Quarterback« zu sein und die Handlungen anderer rückblickend nachzuvollziehen. Viel produktiver ist, die Leistung anderer anzuerkennen und sie für eine gut erledigte Aufgabe zu loben. Wenn Sie mehr Anerkennung anstreben, beweisen Sie Ihre Zuverlässigkeit Ihren Kollegen ebenso wie Ihren Vorgesetzten. Die höchsten Gehälter der Welt erhalten Menschen, die ihre Versprechen stets halten.

Lektion 9

Nachlässigkeit im Job schadet Ihrem Arbeitgeber – aber Ihnen noch mehr.

Manche Menschen verwenden weit mehr Energie darauf, der Arbeit zu entfliehen, als darauf, ihre Arbeit gut zu machen. Diese Leute meinen vielleicht, dass sie ihren Chef hereinlegen, aber sie schaden nur sich selbst. Ein Arbeitgeber kennt vielleicht nicht jedes Detail jeder Tätigkeit oder Aufgabe eines Mitarbeiters, aber ein guter Manager erkennt das *Ergebnis* von Leistung. Beförderungen oder besonders einträgliche Aufträge erhalten sicher nicht jene, die nachlässig arbeiten.

Wenn Sie Ihre Arbeit gerne und gut erledigen, erhalten Sie vermutlich nicht nur Anerkennung und Lohn, sondern lernen auch, Ihre Arbeit noch besser zu machen. Je kompetenter Sie werden, desto wertvoller werden Sie für Ihren Arbeitgeber. Sie erwerben sich so auch das wertvollste aller Güter – das Selbstbewusstsein aufgrund Ihres Wissens, über wertvolle Fähigkeiten für jede Organisation zu verfügen.

Lektion 10

Wer härter arbeitet, wenn der Chef nicht da ist, eignet sich für einen besseren Job.

Sie werden niemals besonders viel Erfolg haben, wenn Sie nur unter der Kontrolle anderer hohe Leistungen bringen. Sie, nicht die anderen, sollten die höchsten Leistungsansprüche an sich stellen. Wenn Ihre Erwartungen an sich selbst höher sind als die Erwartungen Ihres Chefs, werden Sie sich niemals wegen der Sicherheit Ihres Arbeitsplatzes sorgen müssen. Wenn Sie nach *Ihren eigenen* höchsten Ansprüchen arbeiten, werden die Beförderungen von selbst kommen.

Lektion 11

Respekt und Autorität erfordern mehr als eine laute Stimme.

Margaret Thatcher hat einmal festgestellt, dass mächtig zu sein dasselbe ist, wie eine Lady zu sein: Wenn man anderen mitteilen muss, man sei es, ist man es nicht. Wirklich großartige Führungspersönlichkeiten ernten Respekt durch ihre Verhaltensweise, nicht durch die Lautstärke ihrer Befehle. Man erhält Respekt, indem man andere respektiert. Behandeln Sie andere gemäß der Goldenen Regel, und Sie können sich ihrer Loyalität sicher sein.

Wenn Sie Autorität über andere anstreben, müssen Sie sich zuerst ihrer würdig erweisen. Sie müssen den anderen zeigen, dass sie Ihnen wichtig sind, dass Sie als ihr Vorgesetzter immer ihre Interessen im Blick haben werden. Ein guter Chef sorgt stets dafür, dass es dem Team gut geht, bevor er sich um seine eigenen Bedürfnisse kümmert. Diese Lektion geht beim Erklimmen der Karriereleiter nur allzu oft unter – aber wenn Sie sie vernachlässigen, wird sie Ihre Fortschritte vermutlich untergraben.

Lektion 12

Übergrosse Vorsicht ist genauso schlecht wie gar keine Vorsicht. Sie macht andere misstrauisch.

Wenn Sie das Vertrauen anderer erwarten, müssen Sie vertrauenswürdig erscheinen. Wenn sie zu vorsichtig sind, jemals etwas Neues auszuprobieren, schadet es Ihrer Glaubwürdigkeit ebenso, als würden Sie jede Vorsicht in den Wind schlagen und jede mögliche Idee unbedacht ausprobieren. (Die meisten Menschen setzen jedes extreme Verhalten mit einem Mangel an Urteilsvermögen gleich.) Aber fallen Sie nicht der »Analyse-Paralyse« zum Opfer. Lernen Sie, Fakten von Meinungen zu unterscheiden, und lassen Sie Ihre Entscheidungen – und nachfolgenden Handlungen auf zuverlässigen Informationen beruhen. Und dann handeln Sie!

Lektion 13

Wer sich beschwert, dass er nie eine Chance hatte, hat wahrscheinlich nicht den Mut, eine Chance zu ergreifen.

Thomas Edison hat einmal festgestellt, dass der Grund, warum die meisten Leute eine Gelegenheit verkennen, darin besteht, dass sie oft einen Overall trägt und wie Arbeit aussieht. Häufig gehört zu einer Chance eine Menge Arbeit und die Bereitschaft, etwas zu wagen, ohne das Ergebnis zu kennen.

Am Ende erreicht man einen Punkt, an dem man eine Gelegenheit mit all ihren Unwägbarkeiten entweder akzeptieren oder sich von ihr abwenden muss. Niemand kann Ihnen voraussagen, wann dieser Punkt für Sie kommt; Sie allein erkennen, wann es Zeit zu handeln ist, den Mut aufzubringen und den Schritt zu wagen.

Lektion 14

Ein blinder Junge finanzierte sich seinen Masterabschluss an der Northwestern University, indem er die Vorlesungen in Brailleschrift mitschrieb, abtippte und an seine Kommilitonen verkaufte, die bessere Augen, aber wenig Ehrgeiz besassen.

Es ist eins der größten Rätsel des Lebens, warum manche Menschen mit den offensichtlich besten Voraussetzungen – den richtigen Beziehungen, Bildung und Erfahrung – niemals aufzusteigen scheinen, während andere, die um alles kämpfen mussten, es oft zu unglaublichen Erfolgen bringen. Der Grund ist Entschlossenheit. Wenn Sie den Willen haben, erfolgreich zu sein, werden Sie es irgendwie schaffen, egal welche Hindernisse sich Ihnen in den Weg stellen.

Nutzen Sie all Ihre Talente, um Ihre Ziele zu erreichen, oder bremst Sie Ihr Mangel an Ehrgeiz? Niemand auf der Welt kann in Ihnen den Wunsch nach Erfolg wecken. Ausreichend motiviert werden Sie um sich herum Gegebenheiten wahrnehmen, die Ihnen helfen, Ihre Ziele zu erreichen – Gegebenheiten, die Sie zuvor vielleicht schon öfter übersehen haben.

Lektion 15

Wenn sie den Mut verlieren, denken Sie an Helen Keller, die ihre gesunden Zeitgenossen durch ihre Bücher inspirierte, obwohl sie taubstumm und blind war.

Das Leben von Helen Keller ist ein herausragendes Beispiel für den Triumph des menschlichen Geistes über ein physisches Handicap. Noch heute, Jahrzehnte nach ihrem Tod, steht ihr Leben als Leuchtturm der Hoffnung für alle Menschen, die jeden Tag zu kämpfen haben, um alltägliche, für die meisten Menschen selbstverständliche Aufgaben zu bewältigen. Immer wenn Sie meinen, das Schicksal sei gemein zu Ihnen, müssen Sie sich nur umschauen, um zu erkennen, wie glücklich Sie sich schätzen können. Geben auch Sie der Gemeinschaft etwas zurück, ohne dass Sie dafür eine Gegenleistung erwarten. Wenn Sie Zeit und Mühen opfern, nicht nur Geld, stärkt es Ihre Verbundenheit mit der Gemeinschaft, liefert Ihnen den konkreten Beweis für die Effektivität bewussten Handelns und erinnert Sie daran, welche Kraft, Inspiration und Entschlossenheit der Mensch aufbringen kann.

Lektion 16

Wenn Sie ganz oben beginnen, können Sie nur in eine Richtung gehen – abwärts.

Vielleicht wäre es schlecht für Sie gewesen, wären Sie mit dem sprichwörtlichen Silberlöffel im Mund geboren worden. Denn wären Sie privilegiert geboren, wäre Ihnen eines der größten Geschenke der Welt vorenthalten worden: die Möglichkeit, aus sich selbst heraus die höchsten Erfolge zu erzielen, zu denen Sie fähig sind. Wenn Sie von Haus aus nicht vermögend sind, grollen Sie anderen nicht, die mehr Vorteile zu haben scheinen. In Wahrheit liegt der echte Vorteil bei Ihnen, denn Sie werden das Selbstbewusstsein entwickeln, das man nur erwirbt, wenn man sich den Herausforderungen des Lebens mit eigener Kraft stellt. Während Sie voranschreiten, gewinnen Sie die nötige Kraft und das erforderliche Wissen für einen dauerhaften Erfolg, und beides kann man Ihnen nicht schenken, sondern Sie müssen es sich verdienen.

Lektion 17

Sie müssen nicht mehr leisten, als Ihr Gehalt vorgibt, aber Sie können sich schnell nach oben arbeiten, wenn Sie es *freiwillig* tun.

Initiative ist jene überaus seltene Eigenschaft, die Menschen veranlasst – nein, antreibt – ohne Aufforderung das Nötige zu tun. Sie ist eine in der Welt allgemein anerkannte und geschätzte Eigenschaft. Initiative wird Sie sofort vom Wettbewerb abheben, gleich ob Sie Unternehmer sind, Dienstleister, Angestellter oder Arbeiter. Ihr Chef, Ihre Klienten oder Kunden werden Sie bemerken und auf Sie zukommen, denn Sie haben sich als Mensch erwiesen, der immer das Richtige tut.

Lektion 18

Prokrastination ist die schlechte Angewohnheit, Dinge auf übermorgen zu verschieben, die schon vorgestern hätten getan werden müssen.

Für einen leistungswilligen Menschen ist Prokrastination die vielleicht gefährlichste, destruktivste Angewohnheit von allen, denn sie raubt Ihnen Ihre Initiative. Wenn Sie einmal etwas aufschieben, ist es einfacher, es nochmals aufzuschieben, bis die Angewohnheit so fest verwurzelt ist, dass Sie sie nicht mehr leicht durchbrechen können. Leider sind die Auswirkungen der Prokrastination auch kumulativ. Das Heilmittel dagegen ist offensichtlich – aktiv werden. Sie werden überrascht sein, wie schnell Sie sich in Ihrer Haut und Ihrer Situation besser fühlen, wenn Sie etwas anpacken – egal was.

Wie schon der britische Premierminister und Autor Benjamin Disraeli sagte: »Nicht aus jeder Handlung erwächst Glück, aber es gibt kein Glück, ohne zu handeln.«

Lektion 19

Wer immer nur aufschiebt, ist ein Experte im Erfinden von Alibis.

Wenn Sie dazu neigen, finden Sie immer Dutzende von Gründen, warum etwas nicht getan werden kann oder sollte – und nur wenige, warum Sie es tun sollten. Es ist viel einfacher, etwas als zu schwierig, zu teuer oder zu zeitaufwendig zu erachten, als zu akzeptieren, dass wir alles erreichen können, wenn wir bereit sind, hart genug, klug genug und lang genug zu arbeiten. Anstatt uns auf etwas einzulassen, erfinden wir ein Alibi. Wenn Sie sich oft Ausreden für etwas Unterlassenes überlegen oder tausend Gründe finden, warum etwas nicht so funktioniert hat wie geplant, ist es Zeit für einen Wahrheits-Check. Hören Sie auf mit Ihren Erklärungen und werden Sie aktiv!

Lektion 20

Die zwei Menschentypen, die niemals vorankommen, sind jene, die nur tun, was man ihnen aufträgt, und jene, die nicht tun, was man ihnen aufträgt.

Es ist schwer zu sagen, was schlimmer ist: von Job zu Job zu springen, weil man immer als Erster entlassen wird, oder sich in düsterer Monotonie stets auf demselben Arbeitsplatz abzuschuften. Ersteres kommt davon, dass man nicht erledigt, was einem aufgetragen wird, Letzteres davon, dass man *nur* das tut, was einem aufgetragen wird. Mit beiden Ansätzen kommt man eine Zeit lang durch, aber niemals voran. Eigeninitiative ist am heutigen Hightech-Arbeitsplatz wichtiger als im Industriezeitalter, als es um darum ging, Anweisungen zu befolgen. Weil die heutige Technik viele Kontrollfunktionen überflüssig macht, erwartet man von jedem von uns, dass wir mit weniger mehr leisten, bestimmen, was zu tun ist, und es dann tun. Warten Sie nicht, bis man es Ihnen sagt. Sie müssen Ihre Firma und Ihren Job so gut kennen, dass Sie selbst sehen, was zu tun ist – und dann erledigen Sie es!

Lektion 21

Finden Sie heraus, wie man die Produktion steigern kann, und Sie werden ebenso aufsteigen wie Ihr Gehalt.

Bekanntlich weiß jemand in einer bestimmten Position am besten, wie man diese Arbeitsstelle produktiver gestalten kann. Warum zögern wir dann so oft, Verbesserungsvorschläge zu machen? Vielleicht erleben wir zu häufig, dass Dinge aufgeschoben oder neu organisiert werden, um der Stammtischweisheit zu vertrauen, dass man sich aus einem Job herausarbeiten sollte, um auf eine höhere und bessere Position zu kommen.

Dennoch gilt diese alte Weisheit nach wie vor. Wenn Sie es schaffen, eine Arbeit besser, schneller oder billiger zu machen, werden Sie für Ihren Arbeitgeber wertvoller. Man wird Sie bitten, an Planungssitzungen und Qualitätssicherungsgruppen teilzunehmen, weil Sie vorgemacht haben, wie man Abläufe effizienter gestaltet. Dann ist Ihre Beförderung sicher, weil Sie einer der wenigen Angestellten sind, deren Verlust man sich nicht leisten kann.

Lektion 22

Sparen Sie Ausgaben für Ihr Unternehmen ein, und es wird Ihnen das gesparte Geld proportional zukommen lassen.

Der Lohn mag nicht gleich heute kommen, nächste Woche oder nächstes Jahr, aber er wird kommen. Wenn Sie stets auf das Vermögen des Unternehmens so achten wie auf Ihr eigenes, verdienen Sie sich das Vertrauen Ihres Arbeitgebers und Ihrer Kollegen. Sie sind prädestiniert für Größeres und Besseres. Allerdings müssen die Einsparungen umfangreich sein. Wichtig ist dabei die Grundeinstellung, Verschwendung zu vermeiden und nach Einsparpotenzialen zu suchen. Prüfen Sie stets alles, was Sie tun, darauf, ob es wirtschaftlicher ginge, dann werden Sie mit Sicherheit bald über ein größeres Budget verfügen und mehr Mitarbeiter unter sich haben.

Lektion 23

Wenn Sie an der Aufgabe, die Sie anstreben, ebenso hart arbeiten wie an der aktuellen Aufgabe, werden Sie etwas erreichen.

Es heißt, man solle immer an zwei Aufgaben gleichzeitig arbeiten: an der aktuellen und an der, die man anstrebt. Wenn Sie ebenso hart an der Aufgabe, die Ihnen vorschwebt, arbeiten wie an derjenigen, die Sie gerade ausführen müssen, bereiten Sie sich auf die Zukunft vor. Ihre jetzigen Fähigkeiten werden Ihnen ermöglichen, über Ihre aktuelle Position hinaus und in die Tätigkeit Ihres Chefs oder dessen Vorgesetzten hineinzuwachsen. Wenn die Zeit reif ist, werden Sie bereit sein.

Wenn Sie eine Aufgabe gemeistert haben, ruhen Sie sich nicht auf Ihren Lorbeeren aus. Denken Sie sofort an die Zukunft und daran, wie Sie Ihre aktuelle Arbeit noch verbessern können, und mit welchem Wissen Sie künftig vorankommen können. Unsere Wirtschaft beruht auf Wissen, und geistiges Eigentum zählt hier weit mehr als physische Güter. Wer heute erfolgreich sein will, muss kontinuierlich lernen. In Ihrem Bereich und in unserer schnelllebigen Welt stets auf dem neuesten Stand zu bleiben, bedeutet lebenslanges Lernen.

Lektion 24

In einem gut geführten Unternehmen ergeben sich alle Beförderungen von selbst. Der Arbeitgeber muss nur sorgfältig prüfen, ob eine Beförderung auch verdient ist.

Die perfekte Formel, um die Arbeitsmoral in einer Organisation zu zerstören, ist, ein Arbeitsumfeld zu schaffen, das Angestellte glauben lässt, man könne nur mit unternehmenspolitischen Spielchen weiterkommen. Die bestgeführten Unternehmen sind jene, in denen jede Beförderung verdient ist und jede qualifizierte Person die gleichen Bewerbungschancen dafür hat. Als Führungskraft sollten Sie bei allen Entscheidungen, die Ihre Angestellten betreffen, auf Fairness achten. Und wenn Sie eine Führungsposition anstreben, suchen Sie sich ein Unternehmen aus, in dem die Mitarbeiter fair behandelt werden. Wenn Sie dann durch Fähigkeit und Effektivität Ihre Position erreicht haben, können Sie sich an Ihrem Arbeitsplatz vollkommen sicher fühlen.

Lektion 25

Die beste Therapie gegen Einsamkeit, Mutlosigkeit und Unzufriedenheit ist physische, schweißtreibende Arbeit.

Gefühle sind oft instabil und unvorhersehbar. Sie reagieren nicht immer auf Logik und Vernunft. Sie reagieren jedoch durchaus auf Aktivität. Wenn Sie sich hin und wieder einsam, mutlos oder unzufrieden fühlen, bezwingen Sie diese negativen Emotionen am besten durch Arbeit. Vieles ist nicht so schlimm, wie es zu Anfang scheint, und nichts ist so heilsam wie ein Tag harter Arbeit, um alles wieder ins Gleichgewicht zu bringen.

Wenn Sie sich schlecht fühlen, wird es nur noch schlimmer, wenn Sie über Ihr Unglück nachgrübeln. Versuchen Sie, negative Gefühle so weit wie möglich aus Ihren Gedanken zu verbannen und denken Sie an positivere, konstruktivere Dinge. Physische Arbeit kann dabei hilfreich sein. Suchen Sie sich eine Aufgabe, die kein großes Nachdenken erfordert, und konzentrieren Sie sich darauf, die anstehende Arbeit zu erledigen.

Lektion 26

Niemand kann Sie derart deprimieren wie Sie selbst.

Haben Sie jemals festgestellt, dass Sie selbst manchmal Ihr schlimmster Feind sind? Wir alle erleben Momente, in denen einfach nichts richtig zu laufen scheint, egal wie wir uns anstrengen. Alles geht schief, und wir können niemandem die Schuld geben außer uns selbst. Aber genau wie Sie manchmal Ihr schlimmster Feind sein können, können Sie auch Ihr bester Freund sein. Der Wandel kommt meist, wenn Sie bemerken, dass Sie der einzige Mensch auf Erden sind, der über Ihr Scheitern oder Ihren Erfolg entscheidet.

Sie können Ihren besten Freund in sich entdecken, wenn Sie die Reife und Charakterstärke entwickeln, sich selbst so zu akzeptieren, wie Sie sind, und alles zu tun, um so zu werden, wie Sie sein wollen. Wenn Sie sich selbst objektiv analysieren, können Sie anfangen, Ihre Stärken zu bekräftigen und Ihre Schwächen auszugleichen. Auf diese Weise werden Sie merken, dass Sie der einzige Mensch sind, der Ihrem Erfolg im Wege steht.

Lektion 27

Warten Sie darauf, dass der Erfolg kommt, oder gehen Sie hinaus und suchen ihn?

Die Worte des Dichters John Milton »Auch jene dienen, die nur dastehen und warten« mögen sowohl tiefgründig als auch authentisch sein, doch die wahren Reichtümer des Lebens erhalten bei Weitem eher jene, die aktiv hinausgehen und nach ihnen suchen. Nur selten kommt der Erfolg mit einem Blasorchester in vollem Ornat hereinspaziert, eher erreichen ihn jene, die sich lange und intensiv darum bemühen.

Ergreifen Sie die Initiative, um sich Ihre eigenen Möglichkeiten zu schaffen. Ohne aktives Handeln aufgrund eines gut durchdachten Plans kann es nicht gelingen.

Lektion 28

Wenn Sie Ihr eigener Arbeitgeber wären: Wären Sie mit Ihrer heutigen Leistung zufrieden?

Am Ende des Tages zählt es wenig, wie andere über Sie denken; wichtig ist, wie Sie über sich selbst denken. Wenn Sie über Ihre Tagesleistung nachdenken, fragen Sie sich: Habe ich heute 100 Prozent meiner Zeit und meines Talents gegeben? Wenn dies mein Unternehmen wäre, würde ich wollen, dass hier Hunderte Leute wie ich beschäftigt sind, oder würde ich lieber engagiertere Menschen einstellen?

Wenn Sie sich für jemanden halten, mit dem Sie gerne zusammenarbeiten würden oder den Sie gerne als Mitarbeiter hätten, wird Ihnen das Unternehmen bald gehören – oder zumindest werden Sie darin eine wichtige Rolle spielen. Am wichtigsten ist jedoch, dass Sie nachts gut schlafen können, im Wissen, Ihr Bestes gegeben und Ihr Geld verdient zu haben, und dass Sie das für sich erhoffte Leistungsniveau erreicht haben.

Lektion 29

Gehen Sie es jetzt an!

Dieser Satz ist der große Startknopf, der Schubs, den Sie brauchen, wann immer Sie merken, dass die Prokrastination sich an Sie heranschleicht. (Falls sie Sie eingeholt hat, befinden Sie sich schon im Stillstand.)

Es gibt immer irgendetwas zu tun. Falls Sie träge sind, wenden Sie sich der nächstbesten Sache zu und erledigen Sie sie. Es ist egal, was es ist; wichtig ist nur, dass Sie aus dem Modus des Nichtstuns herauskommen. Wenn Sie jedoch einer bestimmten Aufgabe aus dem Weg gehen, müssen Sie genau damit anfangen. Sonst wird sie in Ihrem Kopf immer größer und schließlich zu unangenehm, um Sie anzupacken. Wenn Sie sich den Satz »Geh es jetzt an!« zum Prinzip machen, sind Sie zum Kern der Eigeninitiative vorgestoßen.

März
DIE RICHTIGE ERFOLGSEINSTELLUNG

Lektion 1

Wie Sie etwas leisten und wie viel Sie leisten, bestimmt zusammen mit Ihrer Einstellung Ihr Gehalt sowie Ihre Position.

Menschen, die die besten Positionen in einem Unternehmen ergattern, leisten aus Prinzip und gerne mehr, als ihre Bezahlung vorgibt. Wenn Sie bewusst jede Aufgabe mit einer positiven Einstellung angehen und dranbleiben, bis sie erledigt ist, ist dies für Sie der erste wichtige Schritt, Ihre Zukunft selbst in die Hand zu nehmen.

Auch wenn Sie diese Einstellung anfangs schwierig finden, werden Sie sehen, dass Sie sie schließlich übernehmen. Und wenn Sie einmal erkannt haben, wie vorteilhaft es ist, für Ihre Mehrleistung bekannt zu sein, bleiben Sie Ihr Leben lang so.

Lektion 2

Ein Mensch mit einer negativen Einstellung zieht das Unglück an wie ein Magnet Stahlspäne.

Es ist merkwürdig, dass unser Geist irgendwie die Dinge wahr werden lässt, an die wir am meisten denken. Wenn Sie mit dem Scheitern rechnen, können Sie davon ausgehen, dass Sie scheitern werden, und wenn Sie an jeder Situation etwas Negatives finden, wird für Sie nichts jemals positiv enden. Zum Glück funktioniert das Ganze auch umgekehrt. Wenn Sie ein glücklicher, positiver Mensch sind, werden Sie positive Entwicklungen anziehen.

Sie können Ihr Denken positiv halten, indem Sie negative Gedanken in dem Moment verbannen, in dem sie sich einschleichen. Wenn Sie über die negativen Aspekte jeder Situation nachgrübeln, werden Sie nie irgendetwas von Wert vollbringen. Gehen Sie Risiken vorsichtig ein, aber lassen Sie sich nicht durch die Angst vor dem Scheitern lähmen.

Lektion 3

Wenn Sie sich Sorgen machen oder vor etwas Angst haben, müssen Sie Ihre Einstellung korrigieren.

Angst und Sorgen sind negative Emotionen, die keinem sinnvollen Zweck dienen. Was noch schlimmer ist: Sie beeinflussen Ihr Verhalten negativ. Sowohl Ängste als auch Sorgen werden immer größer, wenn sie nicht kontrolliert werden, bis sie die positiven Emotionen und Überzeugungen verdrängen und Ihr Denken ganz übernehmen. Sie füllen es mit kontraproduktiven Emotionen aus, die Sie an der erfolgreichen Ausführung jeder Aufgabe zweifeln lassen. Wenn Sie Angst und Sorgen nicht kontrollieren können, werden Sie eines Tages feststellen, dass Sie davon kontrolliert werden.

Auch wenn Emotionen nicht immer durch Logik oder Vernunft korrigiert werden können, kann man sie durch Aktivität immer beeinflussen. Handeln Sie, und auch wenn Ihre Aktivität nicht ganz zu dieser Situation passt, wird es Ihr Denken und Ihre Einstellung positiv beeinflussen, etwas Konstruktives zu tun – egal was Sie machen.

Lektion 4

Denken Sie daran, dass noch nie jemand für eine schlechte Einstellung oder eine negative Grundhaltung belohnt oder befördert wurde.

Wenn Sie sich in einer gut geführten Organisation umsehen, werden Sie feststellen, dass die erfolgreichsten Menschen positiv und hilfsbereit sind, sie finden immer Zeit, andere zu ermutigen und zu loben, wenn sie es verdienen. Personen in Toppositionen sind fast immer zufrieden und begeisterungsfähig und ermutigen andere zu einer positiven Haltung. Dennoch gibt es immer einige Leute, die diese Botschaft offenbar nie begreifen und sich benehmen, als würde ständiges Jammern sie weiterbringen.

Es gibt nicht eine Situation in Ihrem Berufsleben, Ihren Beziehungen zu anderen Menschen oder in Ihrem Privatleben, in der eine negative Einstellung nützlich wäre. Wenn Sie dem Leben stets positiv gegenüberstehen, wird sich für Sie alles deutlich verbessern.

Lektion 5

Schnelle Beförderungen sind nicht immer die langlebigsten.

Wenn Menschen nach einer Beförderung scheitern, dann meist, weil sie nicht mit den Herausforderungen der neuen Position wachsen. Es ist völlig normal, sich in einer neuen Position etwas unsicher zu fühlen – schließlich hatten Sie diesen Job noch nie –, aber selten kommt es zu einer Beförderung, bevor Sie dafür bereit sind. Selbstverständlich sind Sie am Tag Ihrer Beförderung noch nicht kompetent in dieser Position. Sie wurden auf diese Stelle befördert, weil Sie das *Potenzial* dafür haben, nicht weil man von Ihnen erwartet, dass Sie vom ersten Moment an eine fehlerfreie Leistung bringen. Beweisen Sie durch Ihre Arbeit, dass das Vertrauen Ihres Chefs gerechtfertigt ist. Machen Sie es sich zur obersten Priorität, innerhalb möglichst kurzer Zeit so tüchtig wie möglich auf Ihrem neuen Posten zu sein.

Lektion 6

Etwas umsonst erhalten zu wollen, ist ebenso fruchtlos, wie ohne Saat etwas ernten zu wollen.

Die Bibel sagt, dass wir ernten, was wir säen. Der fruchtbarste Boden der Welt bleibt öde, wenn dort kein Samen gepflanzt, gepflegt und gehegt wurde. Das Verhältnis zwischen Geben und Erhalten ist bei all Ihren Aktivitäten konstant. Wenn Sie mit irgendetwas Erfolg haben wollen, müssen Sie zuerst großzügig Ihre Zeit und Ihre Talente einbringen, falls sich jemals ein Ertrag für Ihre Investition einstellen soll. Man muss geben, bevor man bekommt. Es geht immer um die Einstellung. Vielleicht sind sie manchmal enttäuscht, wenn Sie für Ihre Anstrengungen keine Belohnung erhalten, aber wenn Sie für Ihre Arbeit im Voraus eine Bezahlung erwarten, können Sie sich auf ein Leben voller Enttäuschungen und Frustration gefasst machen. Wenn Sie gerne Ihr Bestes geben, bevor Sie irgendeine Kompensation fordern, werden Sie die besten Belohnungen ernten, die das Leben zu bieten hat.

Lektion 7

Es ist immer besser, einem erfolgreichen Menschen nachzueifern, als ihn zu beneiden.

Von allen negativen Emotionen ist der Neid wohl die niederträchtigste. Er ist besonders schädlich, weil er Sie von innen zerfrisst, indem er alles Positive und Produktive durch negative Gefühle von Wut, Missgunst und Verzweiflung ersetzt. Wenn sie aber anderen zu ihren Erfolgen gratulieren und sie aufrichtig beglückwünschen, zollen Sie ihnen nicht nur die verdiente Anerkennung, sondern Sie fühlen sich auch einfach besser. Wenn Sie Ihren Neid überwunden haben, möchten Sie vielleicht herausfinden, wie der andere seinen Erfolg erzielt hat. Ganz nebenbei werden Sie Ihre Beziehungen festigen, indem Sie die Leistungen anderer anerkennen.

Lektion 8

Über andere zu reden ist immer richtig, solange man über ihre guten Eigenschaften spricht.

Das gute alte Sprichwort »Wenn du nichts Gutes über jemanden sagen kannst, sage lieber gar nichts« gilt heute ganz besonders. In jeder Organisation, groß oder klein, macht die Gerüchteküche mit übler Nachrede Überstunden. Und Sie können sicher sein, dass alles Unfreundliche, das Sie über andere sagen, schnell zu den Betreffenden durchdringt. Denn auch das andere Sprichwort ist wahr, dass jene, die mit uns über andere sprechen, auch mit anderen über uns sprechen. Sie sollten es nicht nur unterlassen, über andere herzuziehen – Sie sollten auch nicht an Gesprächen teilnehmen, in denen andere Tratsch verbreiten. Verbringen Sie Ihre Zeit mit den Leuten, die sich auf wichtige Dinge konzentrieren, und Sie werden sich niemals für unfreundliches Gerede entschuldigen müssen, das Sie in einem schwachen Moment geäußert haben.

Lektion 9

Entweder reiten Sie das Leben oder es reitet Sie. Ihre Einstellung entscheidet, wer Reiter und wer Pferd ist.

Bei Ihrer Lebensführung gibt es keinen Kompromiss. Entweder übernehmen Sie die Zügel und führen ein produktives Leben Ihrer Wahl, oder Sie lassen zu, dass die Umstände Sie bestimmen. Ohnehin wird es unweigerlich Rückschläge geben. Im Wilden Westen lautete ein Cowboy-Sprichwort: »Es gibt kein Pferd, das nicht zu reiten ist, und es gibt keinen Reiter, den man nicht abwerfen kann.« Wie jeder andere werden Sie Tage erleben, an denen Ihnen alles gelingt und Sie sich fühlen wie ein König. Genießen Sie diese Tage, kosten Sie sie aus, und hegen Sie die Erinnerung an sie. Erinnern Sie sich an die früher empfundene Euphorie, wenn Sie einmal eine Extraportion positives Denken brauchen, um wieder in den Sattel zu kommen, nachdem Sie einen peinlichen und schmerzhaften Fall erlitten haben.

Lektion 10

Anstatt sich zu beklagen, was Sie an Ihrem Job nicht mögen, sprechen Sie über die Vorteile, und Sie werden bald eine Besserung feststellen.

Es ist einfach, an jedem Job etwas Schlechtes zu finden. In jedem Beruf gibt es irgendwelche unangenehmen oder banalen Tätigkeiten, die Sie lieber nicht tun würden. Es ist einfach, Ihre Gedanken beim Negativen verweilen zu lassen und zu übersehen, dass die ungeliebten Anteile Ihrer Arbeit nur einen kleinen Prozentsatz der gesamten Tätigkeit ausmachen. Üben Sie sich darin, jeden Tag etwas Gutes an Ihrer Arbeit zu finden. Es muss nichts Großes, Wichtiges sein; die Freude, die Sie empfinden, wenn Sie etwas besonders gut gemacht haben, genügt schon. Dann werden Sie sich nicht mehr auf das Ende des Arbeitstags freuen, sondern Sie werden sich tatsächlich freuen, zur Arbeit *zu gehen*.

Lektion 11

Manchmal ist es klüger, sich einem Gegner anzuschliessen, als ihn zu bekämpfen.

Wie viel besser wäre die Welt, wenn wir harmonisch zusammenarbeiten würden, um gemeinsame Ziele zu erreichen, anstatt unsere Kräfte mit sinnlosem Streit und Grabenkämpfen zu vergeuden. Wenn Sie sich in persönliche Konflikte, Intrigen, Streit um Anerkennung oder Zank um Unwichtiges hineinziehen lassen, wird Ihnen das nur Energie rauben und Ihr Lebensgefühl verdüstern. Und Sie verschwenden wertvolle Zeit, die Sie auf weit Wichtigeres verwenden könnten.

Wenn Sie sich bemühen, die Motive des anderen zu verstehen, entdecken Sie vielleicht, dass Ihr Gegner mit Ihnen mehr gemeinsam hat, als Sie dachten. Wenn Sie einmal Ihr Ego beiseitelassen und die Situation mit den Augen des anderen betrachten, finden Sie fast immer einen Weg, zu Ihrer beider Nutzen zusammenzuarbeiten.

Lektion 12

Niemand könnte ein Pferd reiten, wenn das Pferd wüsste, wie stark es wirklich ist. Dasselbe gilt auch für Menschen.

Pferde sind riesige, sanfte Tiere, die weit größer und stärker sind als die Männer und Frauen, die mit ihnen umgehen, und doch folgen sie brav den erteilten Kommandos. Es erscheint unlogisch, dass ein so großes, mächtiges Tier von einem Menschen beherrscht wird, und doch haben wir es geschafft, das Tierreich durch unsere Intelligenz zu unterwerfen. Sie können ebendiese Kräfte nutzen, damit Ihre positive Seite die negative beherrscht. Positives Denken verschafft Ihnen Zugang zu der großen Kraftquelle in Ihrem Innern, die es Ihnen erlaubt, bisher unmöglich scheinende Ziele zu erreichen.

Lektion 13

Wenn Sie mehr Feinde haben als Freunde, ist es Zeit, Ihre Einstellung zu überprüfen.

Wenn die Zahl Ihrer Feinde die Ihrer Freunde übersteigt, liegt die Antwort auf das Problem wahrscheinlich bei Ihnen. Fragen Sie sich: Bin ich ein Mensch, den ich gerne als Freund hätte? Nehme ich Rücksicht auf die Gefühle anderer oder denke ich nur an mich? Versuche ich stets, das Gute in anderen zu sehen, oder finde ich an ihnen immer Fehler und Schwächen? Wenn etwas schiefgeht, bemühe ich mich um eine Lösung für das Problem oder suche ich erst einmal nach dem Schuldigen? In den Antworten auf solche Fragen finden Sie vielleicht auch die Antwort darauf: Warum habe ich mehr Feinde als Freunde?

Lektion 14

Ihre Einstellung bestimmt, welche Freunde Sie anziehen.

Wenn Sie ein positiver, erfolgreicher Mensch sein wollen, suchen Sie sich Ihre Freunde sorgfältig aus. Positive Freunde und Vorbilder haben einen positiven Einfluss auf Sie, während negative Freunde bald Ihre Initiative bremsen werden. Werden Sie nicht vom Strom der Leute in eine Selbstzufriedenheit gelullt, die Sie das Mittelmaß akzeptieren lässt. Konzentrieren Sie sich auf die Erfolgschancen, nicht auf die Option des Misserfolgs. Wenn Sie an sich zweifeln, sprechen Sie über die Situation mit einem positiv eingestellten Freund, der Sie unterstützt. Jeder braucht ab und zu mal ein aufbauendes Gespräch; sorgen Sie dafür, dass Ihre Freunde positiv gesonnene, erfolgsorientierte Menschen sind, die Sie stets aufbauen, keine negativ geprägten Leute, die Sie nur herunterziehen.

Lektion 15

Bevor Sie über andere bestimmen wollen, stellen Sie sicher, dass Sie Herr über sich selbst sind.

Wenn Sie positives Denken entwickeln, heben Sie sich sofort von der Masse ab. Sie werden zu einer Führungspersönlichkeit, weil positives Denken zu positiver Aktivität führt, während negatives Denken Apathie und Untätigkeit nach sich zieht. Wenn Sie in jeder Situation die Initiative ergreifen, werden andere Ihnen schon deshalb folgen, weil sie gerne mit Leuten zusammen sind, die wissen, wohin sie gehen. Wenn Sie führen wollen, müssen Sie jedoch bereit sein, sich selbst zu disziplinieren. Sie können nur durch gutes Beispiel Anleitung geben. Eine Führungspersönlichkeit zu sein erfordert, länger und härter zu arbeiten als die anderen, und zu beweisen, dass Sie Herr über Ihr eigenes Schicksal sind.

Lektion 16

Die beste Empfehlung kommt von Ihnen selbst, indem Sie bessere Arbeit leisten – mit der richtigen Einstellung.

Was andere über Sie denken, ist wichtig, solange es mit Ihren eigenen Vorstellungen von sich selbst übereinstimmt. Wenn man Sie als positiven Menschen anerkennt, der immer einen wichtigen Beitrag leistet, werden Sie gefragt sein, denn es gibt nie genug solcher Leute in einer Organisation. Ihre Kollegen werden Sie mögen, Ihre Kunden werden Sie schätzen, und Ihr Chef wird Sie anerkennen und belohnen, wenn Sie konsequent dabei bleiben. Sie werden vielleicht nicht über Nacht erfolgreich sein, aber sie werden auch nicht sofort und dauerhaft scheitern. Gewöhnen Sie sich an, mehr zu leisten – mit positivem Denken.

Lektion 17

Der Charakter spiegelt sich exakt in der Einstellung.

Ohne ein starkes Fundament aus positiven Eigenschaften wird kein Erfolg lange anhalten. Es ist praktisch unmöglich, einen guten Charakter vorzutäuschen. Schwindler werden schnell entlarvt, denn sie haben nicht die Substanz und Entschlossenheit, das Schauspiel aufrechtzuerhalten. Die Entwicklung eines guten Charakters beginnt mit einer positiven Einstellung. Zuerst muss in Ihnen der Wunsch entstehen, ein guter, anständiger, aufrichtiger und rücksichtsvoller Mensch zu sein. Wenn Sie sich entschließen, ein charakterfester Mensch zu werden, werden Sie viel eher das Richtige tun, weil es eben das Richtige ist.

Lektion 18

Ein negativer Mensch bringt nur negative Gedanken hervor.

Es ist physisch unmöglich, dass ein negativ eingestellter Mensch positive Gedanken hervorbringt. Wenn Sie ständig über die negativen Aspekte des Lebens nachgrübeln, dehnt sich das negative Denken aus, bis es all Ihre Gedanken erfüllt und kein Raum mehr für positive Gedanken bleibt. Es ist ein Teufelskreis. Die Gewohnheit, negativ zu denken, erzeugt immer mehr negative Gedanken, und der Geist versucht, sie physisch umzusetzen. Das Ergebnis ist ein Leben in Verzweiflung und Hoffnungslosigkeit. Entwickeln Sie die Gewohnheit, negative Gedanken aus Ihrem Kopf zu verbannen, sobald sie auftauchen. Fangen Sie klein an. Sobald Sie jene innere Stimme hören, die sagt: »Ich kann das nicht«, verbannen Sie den Gedanken sofort aus Ihrem Kopf. Konzentrieren Sie sich stattdessen auf die Aufgabe selbst. Brechen Sie sie herunter in machbare Einheiten und erledigen Sie diese Stück für Stück. Wenn die Aufgabe geschafft ist, sagen Sie zu Ihrem zweifelnden Selbst: »Du hast dich getäuscht. Ich konnte es doch tun und habe es auch geschafft!«

Lektion 19

Es bringt nichts, auf andere zu starren, wenn Sie selbst keine klare Einstellung haben.

Sie müssen Ihr Denken bewusst auf Ihre Ziele fokussieren und auf eine Philosophie setzen, die Sie in schweren Zeiten aufrecht hält. Wenn Sie die Erfolgsprinzipien konsequent anwenden, bis sie ein Teil von Ihnen werden, werden Sie nicht mehr darüber nachdenken müssen, was in dieser oder jener Situation zu tun ist. Ihre positive Reaktion folgt dann ganz automatisch.

Nehmen Sie sich bewusst Zeit zum Nachdenken und Lesen. Setzen Sie sich klare Ziele und entwickeln Sie einen Zeitplan, um sie zu erreichen. Lesen Sie die Werke von Motivationsautoren und großen Philosophen, und nutzen Sie die so gewonnenen Erkenntnisse, um Ihren eigenen Verhaltenskodex aufzustellen. Entwickeln Sie Ihre eigene Erfolgsphilosophie, an die Sie sich halten können – Tag für Tag – egal was der Rest der Welt tut.

Lektion 20

Positives Denken ist eine magische Kraft, die Stillstand nicht akzeptiert.

Immer wieder hört man Geschichten über normale Leute, die in einer Notsituation scheinbar Unmögliches schaffen. Sie vollbringen übermenschliche Kraftakte oder entwickeln unfassbares Durchhaltevermögen, von denen sie nie auch nur geträumt hätten. Wäre es nicht wunderbar, wenn man diese Kraft nutzen könnte, sodass sie uns bei Bedarf jederzeit zur Verfügung stünde? Sie können es – wenn Sie daran glauben.

Sicher erinnern Sie sich an eine Situation in Ihrem Leben, in der Sie außergewöhnlich auf Ihr Ziel fokussiert waren, eine Situation, in der Sie mehr in weniger Zeit als je zuvor erreicht haben. Vielleicht war es ein anstehender Urlaub, der Sie motivierte, vor der Abreise alles zu erledigen; oder es war vielleicht eine Prüfung, die Sie einfach schaffen mussten, auf die Sie sich vollkommen konzentrierten. Die Intensität, die Sie in diesen Situationen entwickelten, ist durch positives Denken jederzeit für Sie greifbar.

Lektion 21

Denken Sie daran: Ihre mentalen Grenzen haben Sie sich selbst gesetzt.

Jahrelang haben Athleten versucht, eine Meile in vier Minuten zu laufen, aber dies schien eine unüberwindbare Hürde zu sein. Doch am 6. Mai 1954 lief ein britischer Läufer namens Roger Gilbert Bannister eine Meile in 3:59,4 Minuten und stellte damit einen Weltrekord auf. Bald darauf brachen andere Läufer Bannisters Rekord. Allzu oft nehmen wir die allgemeine Meinung als gegeben hin. Achten Sie darauf, dass Sie sich Ihre Ziele hoch genug setzen. Geben Sie sich nicht mit weniger zufrieden, weil Sie sich selbst Grenzen gesetzt haben. Die meisten von uns erreichen nie, wozu sie wirklich in der Lage wären, weil sie es gar nicht erst versuchen. Vielleicht fasste es Robert Browning am besten in Worte: »Der Mensch sollte nach mehr streben, als er greifen kann. Wozu wär' sonst der Himmel da?«

Lektion 22

Wenn Sie sicher sind, im Recht zu sein, müssen Sie sich nicht um die Meinung der Welt kümmern.

Wenn Sie jemals im Leben Erfolg haben wollen, müssen Sie bereit sein, sich von der Masse abzuheben. Nur wenige Leute sind erfolgreich, nicht die Mehrheit. Auf Ihrem Weg nach oben werden Sie bemerken, dass viele Ihre Erfolge – aus Neid oder Missgunst – kleinreden wollen. Wenn Sie jedoch Ihre Überzeugungen mutig vertreten, kann Sie nichts von Ihrem Kurs abbringen. Sie entwickeln Vertrauen in Ihre Überzeugungen, indem Sie selbstständig denken und Ihr Wissen permanent überprüfen. Nutzen Sie W. Clement Stones R2A2-Formel, um Informationen aus jedem Bereich zu erkennen, mit sich selbst in Beziehung zu setzen, anzupassen und auf Ihre Probleme anzuwenden sowie an Ihrer Denkweise zu arbeiten. Die R2A2-Formel steht für Recognize (Erkennen), Relate (Zusammenhang), Assimilate (Assimilieren) und Apply (Anwenden).

Lektion 23

Die meisten Krankheiten beginnen mit einer negativen Einstellung.

Es wurde immer wieder bewiesen: Hypochonder, also Menschen, die überzeugt sind, dass sie krank sind, obwohl ihnen gar nichts fehlt, verspüren die Symptome der vermeintlichen Krankheit. Für sie ist die Erkrankung so real, als würden sie tatsächlich daran leiden. Genauso ist es möglich, sich durch andauernde Sorgen und Versagensängste krank zu machen, denn der Geist setzt immer das um, worüber wir am meisten nachdenken. Schützen Sie Ihre gesunde Denkweise ebenso sorgsam wie Ihren Körper. So wie Ihr Körper gesunde Lebensmittel und eine ausgeglichene Ernährung braucht, bedarf auch Ihr Verstand solcher Nahrung. Füttern Sie ihn mit vielen positiven Gedanken.

Lektion 24

Positiv denkende Menschen folgen niemals ausgefahrenen Spurrillen.

Positiv denkende Menschen finden immer etwas Neues und Interessantes, sogar an den trockensten Aufgaben. Sie erlauben sich keine Langeweile, denn sie suchen immer nach Wegen, etwas schneller, besser und effizienter zu erledigen. Wenn Sie stets nach besseren Arbeitsweisen für die gewohnten Routineaufgaben suchen, wird Ihre Beförderung näher rücken. Sie werden der Vorgesetzte für andere, die dann Ihren alten Job übernehmen, weil Sie Eigeninitiative bewiesen haben und unaufgefordert das Nötige tun.

Lektion 25

Lassen Sie sich von niemandem unterdrücken.

Die Vereinigten Staaten stehen für positives Denken; unser Regierungssystem basiert auf dem Glauben an das Gute im Menschen. Das war vor über 200 Jahren zur Zeit der Unabhängigkeitserklärung ein revolutionärer Gedanke. Aufbauend auf den Grundsätzen der größten Denker der Geschichte etablierten unsere Gründerväter eine Regierungsform des Volkes, die heute in aller Welt übernommen wird. Die wirtschaftlichen und politischen Bedingungen wechseln, doch solange unsere demokratische Gesellschaft die Rechte des Einzelnen hochhält, können wir all unsere Ziele erreichen. Alles, was Sie brauchen, um erfolgreich zu sein, ist Ihr Erfolgswille und die Entschlossenheit, bis an Ihr Ziel durchzuhalten.

Lektion 26

Nicht die Niederlage selbst quält Sie, sondern Ihre Einstellung.

Vieles im Leben können Sie nicht kontrollieren, aber Ihre Einstellung können Sie sehr wohl kontrollieren. Eine Niederlage ist nie für immer, es sei denn, Sie lassen es zu. Wenn Sie positiv denken, werden Sie die Niederlage als einen Schwindler und im Grunde als eine Lernerfahrung entlarven, eine wertvolle Lektion, die Ihnen hilft, beim nächsten Versuch erfolgreich zu sein.

Fragen Sie sich: Was hätte ich anders machen können, um ein besseres Ergebnis zu erzielen? Was kann ich zukünftig tun, um Probleme und Fehler so gering wie möglich zu halten? Was habe ich aus dieser Erfahrung gelernt, das ich beim nächsten Mal besser machen kann? Wenn Sie an Hindernisse und Rückschläge mit positiver Einstellung herangehen, werden Sie staunen, wie schnell Sie Ihre Niederlage in einen Sieg verwandeln können.

Lektion 27

Wenn Ihr Wille nicht ausreicht, um Ihren Körper gesund zu erhalten, fehlt Ihnen auch der Wille, in anderen wichtigen Lebensbereichen positiv zu denken.

Man beginnt nicht positiv zu denken, indem man in einem Fall negative Gedanken durch positive ersetzt. Hier heißt es diszipliniert dranbleiben; man benötigt dieselbe Disziplin, die es bedarf, um fit und gesund zu bleiben. Man muss sich täglich neu verpflichten, sonst ist der Entschluss schnell vergessen und landet auf der Müllhalde der guten Vorsätze. Wenn Sie Ihr Schicksal in die Hand nehmen und sich entschließen, jeden Aspekt Ihres Lebens positiv auszurichten – physisch und mental –, werden Sie doppelt profitieren: Eine gesunde körperliche Verfassung wird Ihr positives Denken unterstützen, und durch Ihre positive Einstellung werden Sie fitter.

Lektion 28

Ihre Einstellung ist Ihr eigentlicher Chef.

Auch wenn sich Ihre Zeit und Arbeitskraft nach den Anforderungen Ihres Vorgesetzten oder anderen richten, können nur Sie allein Ihren Verstand kontrollieren. Was Sie denken, Ihre Arbeitsmoral und was Sie für Ihr Gehalt leisten – all dies entscheiden nur Sie. Es liegt bei Ihnen, ob Sie der Sklave einer negativen Einstellung sein wollen oder Herr einer positiven Einstellung. Ihre Haltung – Ihr einziger Herr im Leben – unterliegt vollkommen Ihrer Kontrolle. Wenn Sie Ihre Einstellung gegenüber den Ereignissen unter Kontrolle haben, haben Sie auch die Kontrolle darüber, was diese Ereignisse letztlich bedeuten.

Lektion 29

Eine negativ geprägte Denkweise ist gefährlicher als eine körperliche Krankheit, denn diese Krankheit ist *immer* ansteckend.

Verhaltensforscher haben herausgefunden, dass es für jemanden in einer Gruppe praktisch unmöglich ist, von den anderen Mitgliedern nicht beeinflusst zu werden. Deshalb ist eine Gruppe immer so stark wie ihr schwächstes Mitglied. Die Gruppe als Ganzes vermag kaum mehr zu leisten als das, wozu das schwächste Mitglied fähig ist. Das ist nur Einzelnen möglich, die aus der Gruppe ausbrechen, um das Potenzial der Gemeinschaft zu übertreffen.

Schließen Sie sich nicht Leuten an, die am permanent negativen Denken erkrankt sind, sondern frohen, positiven und produktiven Menschen. Ihre Zeit ist ein Guthaben, mit dem Sie sorgfältiger umgehen müssen als mit Ihrem Geld; verbringen Sie sie mit Personen, die Ihren Willen zum Erfolg und Ihren Vorsatz, stets positiv zu denken, teilen.

LEKTION 30

KONZENTRIEREN SIE IHRE GEDANKEN DARAUF, WAS SIE IM LEBEN WOLLEN, NICHT DARAUF, WAS SIE NICHT WOLLEN.

Wir beginnen erst, die inneren Zusammenhänge unseres Denkens zu erforschen, aber wir wissen schon lange um die Wirkungsweise unserer Gedanken. Wenn Sie sich darauf konzentrieren, das Ziel nicht zu verfehlen, anstatt darauf, ins Schwarze zu treffen, ist das Ergebnis oft ein kompletter Fehlschlag, denn es ist unmöglich, negative Gedanken auf positive Weise zu denken. Fragen Sie mal einen Golfer, der versucht hat, einen Putt nicht zu verfehlen, oder einen Bowler, der versuchte, einen Strike nicht zu vermasseln.

Sorgen Sie dafür, dass Ihre Ziele spezifisch und präzise sind. »Viel Geld zu verdienen« oder »regelmäßig befördert zu werden« sind Wünsche, keine Ziele. Bestimmen Sie exakt, wie viel Geld Sie verdienen wollen und wann, und definieren Sie, auf welche Position Sie befördert werden bzw. wie Sie das schaffen wollen, und bis wann Sie dies erreicht haben wollen. Wie schon Curt Carlson, Vorstandsvorsitzender von Carlson Companies, einmal sagte: »Hindernisse sind Dinge, die einem Angst machen, wenn man den Blick vom Ziel abwendet.«

Lektion 31

Ändern Sie Ihre Einstellung, und die Welt um Sie herum wird sich ebenso ändern.

Ihre Welt wird zu der, die Sie sich ausgesucht haben. Sie können große Erfolge erreichen oder sich für ein armseliges Leben ohne Hoffnung entscheiden. Sie haben die Wahl. Wenn Sie sich für einen positiven Kurs entscheiden, setzen Sie eine unaufhaltsame Kraft in Gang, durch die Sie eine erfüllende Berufslaufbahn, die Liebe von Familie und Freunden, eine gute physische und psychische Gesundheit und all die anderen wahren Reichtümer des Lebens erreichen werden.

Um Ihre Welt zu verändern, müssen Sie sie von innen heraus umwandeln. Sie müssen bei sich selbst anfangen. Wenn sie den Kurs wählen, der Ihr Leben auf eine positive Spur bringt, werden Sie es zum Besseren verändern, und Sie werden auch die Menschen in Ihrem Umfeld positiv beeinflussen.

April

ZIELE SETZEN

Lektion 1

Sie können es, wenn Sie daran glauben.

Wenn etwas passiert, weil wir glauben, dass es eintreffen wird, nennt man das eine »sich selbst erfüllende Prophezeiung«. Unser Denken versucht ständig, die Inhalte, über die wir am meisten nachdenken, zu realisieren. Die meisten von uns werden ihr enormes Potenzial niemals kennen – weil sie nicht glauben wollen, dass sie Dinge vollbringen können, die andere für unmöglich halten. »Unmögliche« Aufgaben erfordern mehr Anstrengung und höhere Konzentration, aber wenn sie vollbracht werden, ist der Lohn – sowohl finanziell als auch psychisch – direkt proportional zu der aufgewendeten Mühe. Vielleicht sind Sie nicht in der Lage, alles Gewünschte zu erreichen, aber Sie werden nichts schaffen, wenn Sie nicht daran glauben.

Lektion 2

Irgendwann glauben Sie alles, wenn Sie es sich nur oft genug einreden – auch wenn es nicht wahr ist.

Wenn Sie für sich selbst etwas ständig wiederholen, wird Ihr Unterbewusstsein es irgendwann als Tatsache akzeptieren. Hat Ihr Unterbewusstsein etwas als Wahrheit akzeptiert, wird es weiterarbeitet und in physische Realität umgesetzt. Nutzen Sie dies, indem Sie Ihr Denken positiv programmieren. Verwenden Sie selbstmotivierende Sprüche oder Affirmationen, um Ihr Unterbewusstsein zu überzeugen, dass Sie alles, was Sie sich wünschen, schaffen können. Wiederholen Sie den Selbstmotivationsspruch mehrmals am Tag, bis Sie sich automatisch einen positiven Satz in Erinnerung rufen, wann immer Selbstzweifel auftreten. Ersetzen Sie »ich kann nicht« durch »*ich werde*«!

Lektion 3

Wenn Sie selbst nicht an etwas glauben, verlangen Sie es nicht von anderen.

Es ist praktisch unmöglich, Ihre Zweifel und Unsicherheiten anderen nicht zu vermitteln – durch Körpersprache, Klang und Tonfall der Stimme, Wortwahl und andere subtile Merkmale. Wenn Ihre Handlungen ein geringes Selbstvertrauen offenbaren, werden auch andere Menschen Ihre Leistungsfähigkeit anzweifeln. Sie können jedoch den Respekt und das Vertrauen anderer gewinnen. Erstellen Sie zuerst eine Liste aller Merkmale, die Sie an sich mögen, sowie der Punkte, die Sie gerne ändern würden. Bemühen Sie sich bewusst, Ihre positiven Stärken zu bekräftigen und Ihre Schwächen zu korrigieren. Es ist vielleicht nicht einfach, aber wenn Sie sich selbst objektiv bewerten und sich beharrlich anstrengen, werden Sie am Ende Erfolg haben.

Lektion 4

Die Macht schlägt sich auf die Seite der Rechtschaffenen.

Wir Menschen sind die einzigen Geschöpfe auf Erden, die zu Überzeugungen fähig sind. Diese Kompetenz, kombiniert mit unserer fast schon angeborenen Fähigkeit, richtig und falsch zu unterscheiden, verleiht uns in unserem Streben nach einem reicheren, lohnenswerteren Leben eine fantastische Kraft. Wenn Sie Ihre Ziele festlegen, achten Sie darauf, dass die Ausgangsbasis darin besteht, das Beste für Ihre Familie, Freunde, Angestellten und sich selbst zu tun. Wenn andere sehen, wie fair und gerecht Sie sich verhalten, und dass Sie ein großzügiger Mensch mit Prinzipien sind, werden sie für Sie Himmel und Erde in Bewegung setzen.

Lektion 5

Der Schwindler arbeitet härter und zahlt mehr als jeder andere für das Erhaltene, auch wenn er sich einbildet, er könne etwas umsonst bekommen.

Für den Verkauf gibt es eine fundamentale Regel: Sie müssen sich etwas zuerst selbst abkaufen, bevor Sie es anderen verkaufen können. Wenn Sie nicht an den Wert Ihres Produkts oder Ihrer Dienstleistung glauben, wird das auch kein anderer tun. Falls Sie andere mit einem unfairen Geschäft übers Ohr hauen, müssen Sie mächtig arbeiten, um Ihren inneren Widerstand zu überwinden, etwas Falsches zu tun. Ein Geschäft ist nur erfolgreich, wenn es für jeden Beteiligten passt, wenn jeder Beteiligte davon profitieren kann und beide Partner das Risiko tragen – Partner, denen das Wohlergehen des anderen wichtig ist. Ein solches Geschäft ist wahrscheinlich nicht nur von Erfolg gekrönt, sondern der Weg dorthin wird auch weitaus angenehmer sein.

Lektion 6

Wer hat Ihnen gesagt, Sie könnten etwas bestimmtes nicht tun, und welche Errungenschaften haben ihn qualifiziert, Ihnen Grenzen zu setzen?

Auf Ihrem Lebensweg werden Sie feststellen, dass die Menschen, die stets großzügig Ratschläge erteilen, am allerwenigsten dafür qualifiziert sind. Beschäftigte und erfolgreiche Personen haben kein Interesse, Ihnen Ihre Lebensführung vorzuschreiben. Mit ihrem eigenen Leben haben sie reichlich zu tun. Gescheiterte oder mittelmäßige Menschen haben alle Zeit der Welt. Sie freuen sich sogar, wenn Sie scheitern, und sind sofort mit dem Spruch zur Stelle: »Ich hab's ja gleich gesagt«, falls Sie einen Rückschlag erleiden.

Wenn Ihnen jemand sagt, Ihr Vorhaben sei nicht machbar oder nicht die Mühe wert, nehmen Sie diesen Menschen und seine Verdienste im Leben einmal genauer unter die Lupe. Wahrscheinlich werden Sie herausfinden, dass er nicht besonders viel erreicht hat. Erfolgreiche Menschen sind *optimistisch*, denn sie sind den Erfolg gewöhnt, weil sie vor langer Zeit gelernt haben, auf sich selbst zu hören, und nicht auf Leute, die sie gerne scheitern sehen würden.

Lektion 7

Wo werden Sie in zehn Jahren sein, wenn Sie Ihren aktuellen Weg weiter beschreiten?

Vielen Menschen ist nicht klar, dass großer Erfolg aus vielen kleinen Erfolgen resultiert, und zwar häufig über einen langen Zeitraum hinweg. Wahrhaft erfolgreiche Menschen denken langfristig. Sie wissen, dass sie auf jedem Erfolg aufbauen müssen, wobei sie immer neue und bessere Vorgehensweisen erlernen müssen. Die eigenen Fortschritte regelmäßig zu überprüfen, ist ein wichtiger Teil der Zielsetzung. Ein Ziel ist kaum mehr als ein Wunsch, wenn man keinen Zeitplan bis zur Erfüllung verfolgt. Achten Sie darauf, dass Ihr Lebensplan kurzfristige, mittelfristige und langfristige Ziele enthält. Korrigieren Sie Ihre Ziele gemäß den gegebenen Umständen, haken Sie sie ab, wenn sie erreicht wurden, und setzen Sie sich auf Ihrem Weg neue und größere Ziele. Und nehmen Sie sich zu Ihrem eigenen Nutzen oft Zeit, zu reflektieren, ob Sie sich noch auf dem richtigen Kurs befinden.

LEKTION 8

REISSEN SIE NICHTS EIN, WENN SIE NICHT VORHABEN, STATTDESSEN ETWAS BESSERES ZU BAUEN.

Diese Regel gilt sowohl für Menschen als auch für die materielle Welt. Es ist einfach, andere gedankenlos für ihre Schwächen zu kritisieren, und ebenso leicht, etwas an ihrer Arbeit oder Lage auszusetzen, das Ihnen missfällt. Menschen zu fördern, Kunstwerke oder nützliche Produkte zu schaffen oder ein profitables Geschäft aufzubauen, ist weitaus schwieriger. Werden Sie zu jemand, der aufbaut, nicht zu jemand, der Menschen und Dinge zerstört.

Wenn Sie die Handlungen oder die Arbeit anderer kritisieren – sei es die Ihrer Kinder, Ihrer Angestellten oder anderer, für die Sie verantwortlich sind – achten Sie auf konstruktive Kritik, die sich auf Handlungsweisen oder Verbesserungsmöglichkeiten bezieht, *nicht* auf den Menschen.

Machen Sie konkrete Vorschläge, wie man es besser machen kann, und konzentrieren Sie sich dabei auf die Erfolgschancen.

Lektion 9

Was erwarten Sie sich vom Leben, und was können Sie im Gegenzug geben, das Sie dazu berechtigt?

Ein Gesetz der Physik besagt: Für jede Aktion gibt es eine gleich große und entgegengesetzte Reaktion. Das gilt auch im Leben. Sie bekommen in dem Verhältnis etwas zurück, was Sie zu geben bereit sind. Wenn Sie mit Ihrer Zeit und Ihren Mühen großzügig sind, werden Sie reichen Lohn erhalten. Doch wenn Sie widerwillig geben, wird die Bezahlung entsprechend Ihrer Investition ausfallen. Ein großer Lohn erfordert, dass Sie in puncto menschlichem oder finanziellem Kapital in große Vorleistung gehen.

Machen Sie sich von vornherein klar, dass alles mit einem Preisschild versehen ist. Wenn Sie sich ein Ziel setzen und bestimmen, dass die nötige Zeit, Mühen und Disziplin dafür eine faire Gegenleistung sind, werden Sie feststellen, dass Sie selbst die ehrgeizigsten Ziele erreichen können.

Lektion 10

Der Erfolgreiche konzentriert sich auf das, was er im Leben will – nicht auf das, was er nicht will.

Es ist praktisch unmöglich, nicht zu werden, woran Sie am meisten denken. Wenn Sie sich lange genug auf etwas konzentrieren, wird es Teil Ihrer Psyche. Nutzen Sie dieses Wissen zu Ihrem Vorteil. Wenn Sie über Probleme nachdenken, werden Sie Probleme ernten. Wenn Sie über Lösungen nachdenken, werden Sie Lösungen erhalten. Zweifel, Ängste und Unsicherheiten zu haben, ist ganz normal. Der erfolgreiche Mensch hat dies erkannt und lernt, sie zu überwinden, indem er sich auf die erwünschten Ziele konzentriert, nicht auf die unerwünschten Ablenkungen.

Lektion 11

Sie werden das Ersehnte erhalten, wenn Sie nichts anderes akzeptieren.

Kompromisse sind ein wesentliches Mittel in den Bereichen Politik, Diplomatie und Verhandlungen, aber wenn Sie sich Ziele setzen und erreichen wollen, sind sie fehl am Platz. Menschen, die im Leben großen Erfolg haben, akzeptieren nur das Beste bei sich selbst und lehnen bezüglich ihrer wichtigsten Ziele jeden Kompromiss ab.

Falls Sie sich mit weniger zufriedengeben wollen als mit dem ursprünglichen vollen Maß, halten Sie einen Moment inne und analysieren Sie die Situation. Sind die Hindernisse auf Ihrem Weg wirklich unüberwindlich oder gibt es eine andere Möglichkeit, das Problem anzugehen? Können Sie die Hürde umgehen? Jeder Schritt in die richtige Richtung, und sei er noch so klein, wird Sie näher an Ihr Ziel bringen. Der Weg zu den großen Zielen wird oft in Zentimetern gemessen.

Lektion 12

Was Sie in der Vergangenheit getan haben, ist vorbei. Was werden Sie in Zukunft tun?

Shakespeares Feststellung »Alles Vergangene ist nur Prolog« passt zur heutigen Hochgeschwindigkeits- und Hightech-Welt. Alles, was wir in der Vergangenheit getan haben, dient nur dazu, uns auf die nächste Aufgabe vorzubereiten. Schwelgen Sie nicht in der glorreichen Vergangenheit. Planen Sie zukünftige Erfolge und genießen Sie Ihre aktuellen Siege. Seien Sie stolz auf alles, was Sie tun, versuchen Sie stets, Routineaufgaben besser zu erledigen, und gratulieren Sie sich, wenn Sie etwas besonders gut machen.

Lektion 13

Das Einzige, was im gesamten Universum von Dauer ist, sind Ihre eigenen Vorstellungen.

Die meisten Beschränkungen setzen wir uns selbst. Wir glauben, dass bestimmte Dinge unmöglich sind, weil wir es uns eingeredet haben. In einem Experiment platzierten Forscher eine Glasscheibe zwischen zwei Fische, von denen einer der Fressfeind des anderen war. Zu Anfang prallte der Raubfisch immer wieder gegen die Glasscheibe, doch schließlich gab er auf. Nach einiger Zeit nahmen die Forscher die Glasscheibe wieder heraus, doch die Fische schwammen weiterhin friedlich jeder in seinem Bereich.

Auch wir sind Gewohnheitstiere. Achten Sie darauf, Ihre Grenzen immer wieder auszutesten. In dem Maße, wie Sie sich entwickeln und in Ihrem Bereich besser werden, stellen Sie vielleicht fest, dass früher gesetzte Grenzen nun nicht mehr vorhanden sind. Nehmen Sie sich immer wieder Zeit für produktive Tagträume: Was würden Sie tun, wenn Ihnen alles möglich wäre, was Sie sich vorstellen? Vielleicht stellen Sie fest, dass Ihre Träume sich im Bereich des Möglichen befinden, wenn Sie sich klar definierte, messbare Ziele setzen und einen Plan verfolgen, der Sie dorthin führt.

Lektion 14

Wenn Sie nicht wissen, was Sie vom Leben erwarten, was werden Sie dann wohl erhalten?

Die meisten Menschen lassen sich durchs Leben treiben und merken nicht, dass sie ihre Zukunft selbst schaffen. Die Minderheit, die großen Erfolg erzielt, sind Menschen, die wissen, was sie wollen, und einen zielführenden Plan verfolgen. Sie wissen, was sie wollen, und wie sie es bekommen werden. Ihre Ziele sollten spezifisch und messbar sein, eine Deadline haben und sich aus machbaren Teilzielen zusammensetzen. Sie sollten genau wissen, was, wann, und wie Sie etwas erreichen wollen. Überprüfen Sie regelmäßig Ihre Fortschritte und geben Sie niemals – niemals – auf.

Lektion 15

Überlegen Sie sich genau, was Sie vom Leben wollen, und doppelt genau, was Sie dafür zurückgeben können.

Sehen Sie sich das Leben von erfolgreichen Menschen an, und Sie werden feststellen, dass sie einen Preis gezahlt haben, der direkt proportional zum Maß ihres erzielten Erfolgs ist. Bei näherem Hinsehen stößt man fast immer auf jahrelanges Lernen und Vorbereitungen, bevor sich der große Erfolg einstellt. Dieses Prinzip zieht sich durch sämtliche Bereiche des persönlichen Erfolgs – ob Kunst, Medizin, Wissenschaft oder Wirtschaft. Nichts von Wert kommt leicht daher.

Betrachten Sie Ihre eigenen Ziele und überlegen Sie, zu welchem Opfer Sie für das Erwartete bereit sind. Es empfiehlt sich, großzügig Zeit und Mühen zu investieren, bevor Sie eine Rendite erwarten. Viele, die scheinbar »über Nacht« erfolgreich wurden, haben lange, arbeitsreiche Jahre absolviert, bis sie schließlich für ihre Leistungen anerkannt wurden.

Lektion 16

Prüfen Sie Ihre sehnlichsten Wünsche besonders sorgfältig.

Allzu viele Menschen nehmen sich mehr Zeit, ihr Wochenende zu planen, als ihr Leben. Dann stellen Sie plötzlich fest, dass das Leben an ihnen vorbeigerauscht ist, und sie haben es gar nicht gemerkt. Wenn Sie bewusst in sich gehen und überlegen, was Sie im Leben am meisten anstreben, richten Sie Ihr Denken aus und konzentrieren Ihre Energie auf das, was Sie erreichen möchten. Ein großer Vorteil eines klar definierten Lebensziels ist, dass es Ihnen hilft, Ihre Aktivitäten zu priorisieren. Mit Ihrem großen Ziel klar vor Augen müssen Sie nicht mehr jede Situation einzeln analysieren. Sie wissen automatisch, ob Ihre Handlungen Sie Ihrem Ziel näher bringen oder Sie davon entfernen. So können Sie all Ihre Ressourcen – Zeit, Geld und Energie – bestmöglich nutzen.

Lektion 17

Es ist weise, sowohl zu wissen, was man nicht will, als auch, was man will.

Ihre Ziele sollten Ihnen einen Lohn einbringen, der für Sie wichtig ist, nicht für irgendjemand anders. Das kann besonders in jungen Jahren eine gewisse Experimentierphase erfordern, damit Sie herausfinden, was Sie wirklich mögen und worin Sie am besten sind. Karriere- und finanzielle Ziele sollten sich die Waage halten mit privaten Zielen, wie Beziehungen zu nahestehenden Menschen. Ihr Lebensplan sollte auch Ziele beinhalten, die Freude machen, bei denen man etwas einfach aus Spaß an der Sache tut. Auch die spirituelle Entwicklung ist wichtig, um eine glückliche, abgerundete Persönlichkeit auszubilden. Achten Sie darauf, sich Zeit zu nehmen für alle wichtigen Aspekte Ihrer persönlichen Entwicklung.

Lektion 18

Haben Sie keine Angst, Ihr Lebensziel hoch zu stecken, denn egal wie hoch Sie hinauswollen, Ihre Leistungen könnten darunter bleiben.

Viele Unternehmen legen Wert auf die »kontinuierliche Verbesserung« als Teil ihrer Qualitätssicherung. Ihnen ist klar, dass sie im globalisierten Wettbewerb in jedem Bereich ständig nach Optimierung streben müssen, sonst werden sie von der Konkurrenz geschluckt. Dieselbe Regel gilt auch für den Einzelnen. Das gesamte Leben ist ein fortdauernder Lernprozess. Jeder Erfolg und jeder vorübergehende Rückschlag bereiten Sie nur auf die Zeit vor, wenn Sie ganz oben angelangt sind. Ihre kurz- und mittelfristigen Ziele sollten immer realistisch und erreichbar sein, aber Ihre langfristigen Ziele sollten Ihre aktuellen Möglichkeiten immer weit übersteigen. Wie schon der römische Dichter Vergil sagte: »Dem Wagemutigen hilft das Glück.«

Lektion 19

Wenn Sie nicht wissen, was Sie wollen, klagen Sie nicht, nie eine Chance gehabt zu haben.

Die Leute, die sich am lautesten beschweren, nie im Leben eine Chance bekommen zu haben, haben meist für jeden Misserfolg eine Ausrede parat. Nichts ist jemals ihre eigene Schuld; sie sind Opfer ihrer Herkunft, ihrer Umgebung, unzureichender Erziehung oder irgendwelcher anderen Faktoren, die sie ihrer Meinung nach benachteiligen. Wenn Sie lange genug suchen, finden sie immer Gründe, etwas nicht versuchen zu können oder eine Aufgabe nicht zu Ende zu bringen. Erfolgreiche Menschen dagegen suchen nicht ständig nach Ausreden. Sie handeln verantwortlich, setzen sich Ziele und nehmen die Verantwortung für ihren Erfolg auf die eigene Kappe. Wo andere Verzweiflung sehen, sehen sie Hoffnung. Sie gehen jede Situation freudig an, in der Zuversicht, dass für einen positiv denkenden Menschen nichts unmöglich ist.

Lektion 20

Die Welt ist ein guter Ort für den Menschen, der genau weiss, was er oder sie vom Leben erwartet, und es zielstrebig verfolgt.

Am glücklichsten sind wir, wenn wir ein Ziel anstreben. Wenn wir es erreichen, ist es menschlich, dass wir uns ein weiteres, meist größeres Ziel setzen. W. Clement Stone nennt das die »Inspiration der Unzufriedenheit« – das Motivationstief, nachdem man ein Ziel erreicht hat, und bevor man den nächsten Schritt auf ein neues Ziel hin unternimmt. Wenn Sie dieses nagende Gefühl bemerken, ist es Zeit, aktiv zu werden! Erstellen Sie einen langfristigen Plan, sodass es eine natürliche Weiterentwicklung gibt, sobald Sie ein kurzfristiges Ziel erreicht haben.

Lektion 21

Ein Mensch ohne klar definiertes grosses Ziel ist so hilflos wie ein Schiff ohne Kompass.

Wenn Sie sich eine Schiffsroute genauer ansehen, fällt auf, dass die Fahrt von einem Punkt zum anderen eher mehreren Zickzacklinien gleicht als einer geraden Linie vom Start zum Zielpunkt. Der Kapitän nimmt permanent Korrekturen vor, weil externe Einflüsse das Schiff vom Kurs abbringen. Das Einzige, was sich die ganze Fahrt lang nicht ändert, ist das Ziel.

Dasselbe gilt auch für jeden Menschen. Egal was Ihr Lebensplan ist, werden Sie immer Einflüsse aus Ihrem Umfeld bemerken, über die Sie keine Kontrolle haben. Korrigieren Sie Ihren Kurs und halten Sie weiter auf Ihr Ziel zu. Das Geheimnis besteht darin, stets das Ziel vor Augen zu haben und sich nicht von der Strömung abtreiben zu lassen.

Lektion 22

Der brennende Wunsch, etwas zu sein oder zu tun, ist der Ausgangspunkt des Träumers.

Vor vielen Jahren bat ein Abschlussredner an einer prestigeträchtigen Universität alle Studenten der Abschlussklasse, die einen klar definierten Lebensplan hätten, die Hand zu heben. Als er durch den Saal blickte, waren nur drei Hände erhoben. Bei einem Treffen 25 Jahre später überstieg das addierte Vermögen dieser drei das Vermögen aller übrigen Kommilitonen zusammen.

Zielstrebige Menschen erreichen ein weitaus höheres Erfolgsniveau als solche, die sich durchs Leben treiben lassen und erwarten, dass ihnen die Umstände Gelegenheiten zuspielen werden. Erfolgreiche Menschen schaffen sich ihre eigenen Chancen, indem sie sich intensiv, wenn nicht sogar besessen, auf ihre Vorhaben konzentrieren. So bringt sie jede Handlung näher an ihr Ziel.

Lektion 23

Willenskraft ergibt sich aus einem klar definierten Ziel, das man aus eigenem Antrieb durch ständige Aktivitäten verfolgt.

Neidische Menschen bringen Erfolg manchmal mit Glück in Verbindung. Das ist vollkommen falsch. Der Coach Darryl Royal stellte einmal fest: »Glück ist das, was passiert, wenn Vorbereitung auf Gelegenheit trifft.« Der Erfolg stellt sich ein, wenn man sich ein klar definiertes Lebensziel setzt und die Initiative ergreift, es aktiv zu verfolgen. Fehler können jedem mal passieren, aber zu handeln ist immer noch weit besser, als nichts zu tun.

Lektion 24

Ein Schiff ohne Ruder und ein Mensch ohne Ziel stranden am Ende auf dem Sand.

Die Ziele, die Sie sich setzen – wie das Ruder an einem Schiff – werden Sie auf dem richtigen Kurs voranbringen. Ohne Ziel ist es Ihnen unmöglich, auf Kurs zu bleiben, ähnlich wie bei einem ruderlosen Schiff.

Gewöhnen Sie sich an, sich Ziele zu setzen. Wenn es manchmal schwer fällt, fokussiert zu bleiben, setzen sie sich erreichbare Teilziele und bleiben Sie dran, bis die Aufgabe erledigt ist. Versuchen Sie zum Beispiel, eine Routineaufgabe schneller und effizienter zu erledigen. Oder nehmen Sie sich die schwierigsten Aufgaben zuerst vor, solang Sie noch energiegeladen und hoch konzentriert sind. Heben Sie sich die einfachsten Aufgaben bis zuletzt auf. Mehrere kleine Erfolge werden zwangsläufig zu größeren führen.

Lektion 25

Aufrichtigkeit und harte Arbeit sind lobenswerte Charakterzüge, aber sie bringen keinen Erfolg, wenn Sie sie nicht für ein konkretes und grosses Ziel einsetzen.

Charakter ist ein wichtiges Element für den Erfolg und eine entscheidende Eigenschaft für Führungsaufgaben, aber Charakter allein ist nicht erfolgsentscheidend, solange er nicht in eine positive Richtung führt. Wenn gute, anständige Menschen mit Charakter sich ein großes Lebensziel vornehmen, auf das sie motiviert und begeistert ihre Energie richten, kann das Ergebnis beeindruckend sein. Ein großes Ziel und ein herausragender Charakter sind eine schlagkräftige Kombination.

Lektion 26

Ein Leben ohne konkretes, grosses Ziel fällt eher kümmerlich aus.

Ohne ein konkretes, großes Ziel im Leben kommt man vielleicht zurecht, aber niemals voran. Ein klar definiertes Ziel ist der Ausgangspunkt für jeden Erfolg. Vor allem finanzielle Ziele sollten spezifisch, klar definiert und messbar sein. Sie sollten wissen, wie viel Sie verdienen wollen, zu welchem Zeitpunkt sich dies ereignen soll und wie Sie es erreichen wollen. Der größte Vorteil finanzieller Sicherheit ist der innere Friede, weil man weiß, dass man für die Herausforderungen des Lebens gerüstet ist. Sie verbessern sich auf allen Gebieten, weil Sie sich auf Chancen konzentrieren können, anstatt sich mühsam durchzukämpfen.

Lektion 27

Ohne grosses Ziel treiben Sie unweigerlich auf den Misserfolg zu.

Auf dem Weg zu Ihren gesetzten Zielen gibt es nur zwei Alternativen: Entweder bewegen Sie sich auf Ihr Ziel zu oder Sie bewegen sich davon weg. Suchen Sie sich ein Lebensziel und nehmen Sie es mit Feuereifer in Angriff. Mit dem Mut Ihrer Überzeugungen und einem selbst gesteckten Ziel werden Sie die Kraft haben, bis zum Ende durchzuhalten.

Lektion 28

Sie sind stets so gross wie Ihre vorherrschenden Gedanken.

Wenn es zutrifft, dass man wird, woran man am meisten denkt, folgt daraus, dass das Ausmaß und die Qualität Ihres Erfolgs direkt proportional zur Größe Ihrer Gedanken sind. Wenn Sie triviale Inhalte Ihr Denken beherrschen lassen, werden Ihre Erfolge wahrscheinlich geringfügig sein. Disziplinieren Sie sich, über Wichtiges nachzudenken. Informieren Sie sich stets, was es in Ihrem Bereich Neues gibt und was in der Welt vor sich geht. Machen Sie sich eine Liste mit guten Ideen, die Sie jederzeit nutzen können, wenn Sie nach einer kreativen Lösung für ein Problem suchen. Und denken Sie daran: Kleingeister denken über Dinge nach, große Geister über Ideen.

Lektion 29

Ihr Vorankommen im Leben steht und fällt mit Ihrer Denkweise.

Jeder große Erfolg hat als Samenkorn einer Idee im Kopf eines großartigen Menschen begonnen, wurde dann in eine umsetzbare Form gebracht und am Ende realisiert. Bereiten Sie Ihren Verstand durch konstantes Lesen und Lernen als fruchtbaren Boden für Gedanken vor, und konditionieren Sie sich durch konstantes Üben und Disziplin darauf, Ihre guten Ideen zu verfolgen. Auch das brillanteste Konzept der Welt bleibt nur ein Traum, wenn Sie nicht aktiv werden. Selbst eine mittelmäßige, praktisch umgesetzte Idee ist weit mehr wert als ein genialer Geistesblitz, der in einem inaktiven, undisziplinierten Verstand dahindümpelt.

Lektion 30

Konstant sein Ziel zu verfolgen, ist das oberste Erfolgsprinzip.

Es ist erfolgsentscheidend, dass Sie einen gut durchdachten Lebensplan verfolgen, egal was andere sagen mögen oder welche Hindernisse sich Ihnen in den Weg stellen. Immer wieder werden manche Leute daran etwas auszusetzen haben oder Ihnen einreden, Ihre Ziele seien nicht die Mühe wert. Solche Leute kommen niemals weit, und sie sind die Ersten, die Sie um Hilfe bitten, wenn Sie an ihnen vorbeigezogen sind. Praktisch jeder erfolgreiche Mensch hat an irgendeinem Punkt im Kampf auf dem Weg nach oben einmal ans Aufgeben gedacht. Und bei vielen folgte der Durchbruch bald nachdem sie sich wieder auf ihr Ziel besonnen hatten. Es gibt kein Hindernis in der Welt, das nicht von einem zielstrebigen Menschen überwunden werden kann, der positiv denkt und mit Disziplin und Willenskraft sein Ziel erreicht.

Mai
ACTION!

Lektion 1

Wenn Sie wirklich grossartig sind, sollten andere es an Ihren Handlungen erkennen.

Alles, was am Ende des Tages zählt, sind Ihre Handlungen. Sie mögen vielleicht mit Worten beeindrucken, aber egal wie gut Sie anderen Ihre Fähigkeiten verkaufen, am Ende müssen Sie Leistung bringen. Sicher sind die Menschen oft großzügig und sehen über das eine oder andere Mal hinweg, wenn Sie ein Versprechen nicht halten können. Aber letztlich müssen Sie Ihre Zusagen gegenüber anderen einhalten, wenn Sie jemals einen bleibenden Eindruck hinterlassen wollen.

Gewöhnen Sie sich an, Ihre Fähigkeiten zu demonstrieren, bevor Sie darüber sprechen. Selten wird irgendetwas ohne die Hilfe anderer erreicht, und nichts gelingt jemals ohne irgendeine Aktivität. Die Straße zu Misserfolg und Verzweiflung ist mit den Träumen von Menschen gepflastert, die nichts dafür unternommen haben.

Lektion 2

Der Sonnenuntergang kündet von einem verlorenen Tag, wenn er Sie ohne gute Taten vorfindet.

Von Haus aus hilfsbereite Menschen wissen, dass der Dienst am anderen dem Gebenden mindestens so viel bringt wie dem Empfänger – wenn nicht mehr. Wenn Sie jemand anderem Gutes tun, werden Sie zu einem besseren Menschen. Der positive Effekt der guten Tat auf *Sie* wird noch lange nachwirken, nachdem der Empfänger sie vergessen hat. Gute Taten müssen nichts Großartiges oder Teures sein. Die schönsten Geschenke sind Ihre Zeit und Sie selbst. Ein freundliches Wort oder eine kleine höfliche Geste werden geschätzt und im Gedächtnis bleiben.

Lektion 3

Medaillen und Titel zählen nicht, wenn Sie in den Himmel kommen, aber man wird Ihre Handlungen eingehend prüfen.

Es ist ein Grundprinzip des Christentums und vieler anderer Religionen, dass der Erfolg sich im Leben nach dem Tod allein daran bemisst, wie man sein Leben geführt hat, nicht daran, wie viel Geld man angehäuft hat. Woran Sie auch immer glauben – es ist eine gute Regel für jeden Tag, so zu leben, dass Sie am Ende stolz darauf sein können – im Wissen, dass Sie im Leben der Menschen in Ihrem Umfeld etwas bewirkt haben.

In der Hektik des Alltags verliert man leicht die wahren Reichtümer des Lebens – das, was wirklich zählt – aus den Augen. Die Psychologin Ilona Tobin definiert wahren Erfolg so: »Liebe zu geben und zu empfangen, physisch und psychisch gesund zu sein, genügend Wohlstand, um sich Möglichkeiten zu schaffen, und die Zeit, das alles zu genießen.« Unabhängig von Ihrer persönlichen Definition des Erfolgs sollte diese ein gesundes Maß dessen umfassen, was im Leben wirklich zählt.

Lektion 4

Die einzig glaubwürdige Art zu prahlen sind konstruktive Handlungen.

Es gilt allgemein nicht als Prahlerei, wenn den eigenen Worten wirklich Taten folgen. Doch überzeugender ist es, wenn Sie etwas zuerst tun und dann erst darüber sprechen. Außerdem haben positive Aussagen über Sie viel mehr Gewicht, wenn sie von anderen kommen und nicht von Ihnen. Wenn Sie über Ihre eigenen Leistungen schwadronieren möchten, halten Sie kurz inne, atmen Sie tief durch, und fragen Sie dann jemand anderen nach *seinen* Leistungen.

Lektion 5

Wenn Sie einmal ausgesprochen haben, was Sie wollen, hören Sie auf zu reden und lassen Sie Taten folgen.

Selbst zu wissen, dass man etwas erreichen kann, ist ein guter Anfang. Entwickeln Sie als Nächstes einen soliden Plan und packen Sie es an. Je länger Sie es aufschieben, desto schwieriger wird der erste Schritt.

Ein Plan ist selten perfekt. Wenn Sie eine klare Vision von Ihrem Ziel und einen flexiblen Plan haben, mit dem Sie mit unvorhergesehenen Hindernissen umgehen oder unerwartete Chancen ergreifen können, warten Sie keine Sekunde länger. Ihre Aktivität wird Ihnen bereits helfen, sich zu fokussieren und Ihre Energien auf Ihr Ziel hin zu kanalisieren – auch wenn Sie später nachjustieren müssen.

Lektion 6

Handlungen, nicht Worte, sind das beste Eigenlob.

Es gibt Situationen, in denen Sie sich präsentieren, sich für eine Position oder einen Vertrag bewerben sollen und über Ihre eigenen Leistungen sprechen müssen. Natürlich werden Sie sich in das beste Licht rücken wollen. Dabei müssen Sie aber sicher sein, dass eine gründliche Recherche Ihre Aussagen über sich selbst stützen wird.

Wenn Sie stets klug und verantwortlich gehandelt haben, werden die Aufzeichnungen dies bestätigen. In jeder Organisation sind es die Führungskräfte, die sagen: »Auf geht's. Gehen wir es an, anstatt herumzustehen und zu warten, dass etwas passiert.« Wenn Ihre bisherigen Aktivitäten Sie als einen Mensch mit Verantwortungsgefühl zeigen, der anderen die Richtung weist, werden Ihre Karriere und Ihre Beziehungen davon profitieren.

Lektion 7

Der Wert einer Handlung hängt davon ab, wie viel Mut sie erfordert.

Normale Menschen, die etwas Außergewöhnliches für andere tun, nennen wir später Helden. Danach gefragt, warum sie so gehandelt haben, äußern sie oft: »Das hätte jeder in dieser Situation getan.« Vielleicht sagen sie damit auf ihre Weise, dass wir alle die Fähigkeit zur Größe besitzen. Erst wenn wir ernsthaft auf die Probe gestellt werden, wachsen wir an der Herausforderung und laufen zu unserer Höchstleistung auf.

Indem man es sich angewöhnt, wird man zu einem Menschen, der das Richtige tut, wenn er eine großartige Chance bekommt, ebenso wie man auf diese Weise jeden Erfolg erreicht. Wenn Sie stets richtig handeln, auch wenn es noch so unwichtig und unbedeutend erscheint, werden Sie – ohne nachzudenken – auch in wichtigen Situationen korrekt vorgehen. Wenn Sie Ihre Taten für Sie sprechen lassen, werden andere Sie nie auf Ihren Beitrag hinweisen müssen.

Lektion 8

Wenn Sie wirklich klüger sind als die anderen, zeigen Sie es durch Ihre Handlungen.

Es ist eine natürliche menschliche Reaktion, andere korrigieren zu wollen, wenn Sie sie bei Fehlern beobachten oder sehen, dass sie anders handeln als Sie selbst. Viel schwieriger ist, nicht dem Drang zur Demonstration der eigenen Intelligenz nachzugeben. Indem Sie es schaffen, solche Impulse zu erkennen und kontrollieren, entwickeln Sie Weisheit. Ein weiser Mensch ist sich im Klaren, dass der Beweis seiner Intelligenz durch Taten für andere eine weitaus wertvollere und nachhaltigere Lektion ist.

Wenn jemand offenbar Ihren Rat braucht, führen Sie ihn sanft zu einer besseren Einsicht, indem Sie offene, nicht urteilende Fragen stellen. Lassen Sie andere die Schwachstellen in ihrem Denken selbst finden, indem Sie sie mit Logik durch den Prozess führen. Wie schon Ralph Waldo Emerson einmal sagte: »Das Geheimnis der Erziehung liegt darin, den Schüler zu respektieren.«

Lektion 9

Der sicherste und beste Weg, jemanden zu bestrafen, der Ihnen ein Unrecht angetan hat, ist, ihm oder ihr dafür etwas Gutes zu tun.

Menschen reagieren immer so, wie sie behandelt werden, oder sogar noch heftiger, als es ihnen selbst zuteilwurde. Dieses allgemeine Bedürfnis nach Vergeltung kann eine Reaktion ersetzen, mit der man sich einen Feind zum Freund macht. Wenn Sie erst einmal den Stolz abgelegt haben, der wie ein Mühlstein an Ihrem Hals hängt, können Sie auf eine schlechte Behandlung mit einer freundlichen Tat reagieren. Vielleicht lässt die Wirkung ein wenig auf sich warten, aber wenn Sie unsympathischen Menschen konstant freundlich begegnen, werden sie irgendwann Ihrem Einfluss nachgeben und es Ihnen mit Freundlichkeit »vergelten«. Wie Napoleon Hill sagte: »Die heißesten glühenden Kohlen, die je auf dem Kopf eines Menschen aufgehäuft wurden, der Sie schlecht behandelt hat, sind die der Freundlichkeit.«

Lektion 10

Sparen Sie sich die Worte bei einem Menschen, der Sie nicht mag. Beeindrucken Sie ihn lieber durch Handlungen.

Manche Leute meinen, sie könnten sich aus jeder Situation herausreden, und in einem gewissen Rahmen mag das auch funktionieren. Aber wenn jemand Sie nicht mag, entweder aufgrund eines Missverständnisses oder weil er Sie falsch einschätzt, werden Worte ihn kaum überzeugen. Seine Gefühle werden sein logisches Denken blockieren. Wenn man sich jedoch über einen längeren Zeitraum hinweg konsequent verhält, überzeugt dies selbst ausgeprägte Skeptiker. Verhalten Sie sich stets großzügig, freundlich und fürsorglich, dann werden sogar Ihre Feinde Sie kaum ablehnen können. In jedem Fall werden Sie dadurch, allein schon weil Sie sich bemühen, zu einem besseren Menschen.

Lektion 11

Teilen Sie der Welt auf jeden Fall mit, wie gut Sie sind – aber …

Sie sollten anderen Ihre Erfolge mitteilen – unter folgenden Voraussetzungen: Lassen Sie zuerst Ihre Taten sprechen, und teilen Sie die Lorbeeren mit anderen, die Ihnen auf dem Weg zum Erfolg geholfen haben. Ein grundlegendes Führungsprinzip, das seit Jahrhunderten gilt, lautet: Lassen Sie andere an Ihrem Erfolg teilhaben, und nehmen Sie für Misserfolge die Schuld allein auf sich.

Lektion 12

Wenn Sie meinen, mit Geld allein könne man sich in den Himmel einkaufen, könnten Sie bereuen, es nicht zuvor in gute Taten umgewandelt zu haben.

Falls Sie morgen durch eine furchtbare, unvorhergesehene Tragödie sterben sollten, wie würde Ihre Grabinschrift lauten? Was würde anderen von Ihnen im Gedächtnis bleiben? Letztendlich wird man sich aufgrund Ihrer guten Taten an Sie erinnern, nicht aufgrund des Geldes, das Sie im Lauf Ihres Lebens angehäuft haben. Ihr Reichtum wird kaum mehr als die Ursache für Streit unter Ihren Erben sein, während man an Ihre guten Handlungen noch lange denken wird, nachdem Sie unter der Erde sind. Während Sie also Reichtum ansammeln, widmen Sie einen Teil Ihres Geldes und Ihrer Zeit Projekten zum Wohle derjenigen, die nicht so reich sind wie Sie.

Lektion 13

Liefern Sie Ergebnisse, keine Alibis.

Viele Menschen versprechen – oft mit den besten Absichten – etwas, was sie nie einlösen. Sie haben meist eine Menge vollkommen plausibler Erklärungen parat, warum sie ihre Zusagen nicht einhalten; sie sind Experten darin, ihre Misserfolge zu erklären. Erfolgreiche Menschen hingegen übernehmen Verantwortung für ihr Leben. Sie wissen, dass Worte wohlfeil sind; Taten sind alles, was zählt.

Die Welt braucht Frauen und Männer, die *echte Hilfe* leisten – die Unterstützung, die ihren Nachbarn die Last erleichtert, der Beistand, den 95 Prozent der Leute *nicht leisten*, weil sie gar nicht wissen, wie sie es anstellen sollen. Wenn Sie anderen einen echten Dienst erweisen, voll Begeisterung und mit echter Hilfsbereitschaft, wird sich der Erfolg automatisch einstellen. Die Welt benötigt solche Menschen und belohnt sie entsprechend.

Lektion 14

Was nach dem Tod von Ihrem Namen noch bleibt, ist nicht Ihre Grabinschrift, sondern sind Ihre Taten.

Alfred Nobel erhielt eine Chance, die nur wenigen zuteilwird. Als sein Bruder starb, verwechselte die Zeitung die beiden und veröffentlichte einen Nachruf für Alfred anstatt für seinen Bruder. Als er seinen eigenen Nachruf las, wurde Alfred klar, dass die Welt sich an ihn als den Erfinder des Dynamits erinnern würde – ein Instrument der Zerstörung. Aufgrund dessen beschloss er, die Nobelpreise zu stiften. Heute kennt der größte Teil der Welt seinen Namen im Zusammenhang mit den größten Errungenschaften der Menschheit.

Gute Taten leben im Gedenken der Menschen weiter. Wenn Sie anderen etwas Gutes tun, setzen Sie eine positive Kraft in Gang, die noch lange nach Ihrem Tod fortwirkt.

Lektion 15

Die Welt heftet Ihnen für Ihr Wissen keine Medaillen an, aber Ihre Taten könnten Ehre und Reichtum krönen.

Wissen ist auf jedem Gebiet eine wichtige Komponente des Erfolgs. Um etwas Lohnenswertes zu erreichen, muss man oft jahrelang studieren. Doch Wissen allein ist noch nicht Macht; es wird erst als positive Aktivität mächtig.

Die zahlreichen Forschungen über erfolgreiche Menschen haben gezeigt, dass sie stets aktiv sein möchten. Sie sammeln die geeigneten Fakten, beurteilen sie aufgrund ihres Wissens zu dem betreffenden Thema, entwickeln einen Plan und handeln dann. Im Zweifelsfall ist es weit besser, zu früh in Aktion zu treten als zu spät.

Lektion 16

Der Glaube ist eine Kombination aus Gedanken und Handlungen.

Wenn Sie sich auf Ihren Glauben an sich selbst, an Ihren Nächsten und an Gott stützen, sind Ihre Handlungen auf einem positiven Kurs, der konsequent verfolgt fast immer zum Erfolg führt. Wenn Sie an Ihre Ideen und Fähigkeiten glauben und der unendlichen Intelligenz des Universums vertrauen, wissen Sie, dass Ihre Gedanken und Handlungen letztlich erfolgreich zum Ziel führen werden. Sie können nicht scheitern.

Lektion 17

Wenn Sie die Freundlichkeit anderer wertschätzen, sagen Sie es mit Handlungen ebenso wie mit Worten.

Menschen, die im Leben die größten finanziellen wie privaten Erfolge verzeichnen, bauen sich dauerhafte Beziehungen auf – mit Geschäftspartnern, Freunden, Kollegen und anderen. Sie investieren Zeit und Mühen, um in Verbindung zu bleiben, und wenn jemand ihnen etwas Gutes tut, antworten sie stets mit einer Gegenleistung. Bauen Sie sich ein Netzwerk von persönlichen und beruflichen Freunden auf, indem Sie die Initiative ergreifen, *selbst ein Freund zu werden*.

Lektion 18

Alles, was Sie schaffen oder erwerben, beginnt mit einem Wunsch.

Um zu handeln, müssen Sie sich ein Ziel setzen. Wenn Sie bei etwas Erfolg haben wollen, auch bei banalen Angelegenheiten, müssen Sie dieses Ziel mit brennendem Eifer verfolgen. Viele Menschen *meinen*, sie wollen etwas erreichen, aber weil sie diesen Gedanken nicht mit einer intensiven Antriebskraft unterfüttern, schaffen sie nie etwas.

Kultivieren Sie Ihre Wünsche. Füttern Sie sie mit Bildern von sich selbst, wie Sie bereits genießen, was auch immer Sie anstreben. Es ist wie beim Anfachen des Kessels einer Dampfmaschine. Sie müssen genug Druck aufbauen, damit Sie es den Berg hinauf schaffen; wenn Ihr Wunsch nicht heiß genug brennt, werden Sie ins Stocken geraten und zurückrollen. Das Geheimnis des Handelns ist ein glühender Wunsch.

Lektion 19

Wer das Richtige tut, muss nicht viel erklären.

Einer der häufigsten Fehler ist, Erklärungen zu liefern, warum wir bei etwas versagen. Leider sind die meisten Menschen auf der Welt – jene, die nichts erreichen –, Erfinder von Ausreden. Sie versuchen, ihr Handeln – oder ihr Versagen – wortreich zu erklären. Wenn Sie Erfolg haben, nehmen Sie die Gratulationen der anderen mit Anstand an. Wenn Sie scheitern, übernehmen Sie die Verantwortung für Ihre Taten, lernen Sie aus Ihren Fehlern und machen Sie mit konstruktiveren Dingen weiter. Solange Sie in jeder Hinsicht angemessen handeln, müssen Sie nie etwas wortreich erklären. Ihre Taten werden alles Nötige vermitteln.

Lektion 20

Beobachten Sie den, der Ihnen voraus ist, und Sie werden erfahren, warum er führt. Dann ahmen Sie ihn nach.

Einer der sichersten Wege zum Erfolg ist, die Handlungsweisen der Erfolgreichen zu beobachten, herauszufinden, welche Prinzipien sie regelmäßig anwenden und sie dann zu nutzen. Die Prinzipien des Erfolgs, wie Andrew Carnegie sagte, sind genau definiert und real, und jeder, der sich die Zeit nimmt, sie zu studieren und anzuwenden, kann sie erlernen. Wenn Sie genau beobachten, werden Sie feststellen, dass Sie von jedem Menschen in Ihrem Umfeld etwas lernen können. Sie müssen denjenigen noch nicht einmal kennen. Sie können sich auch großartige Menschen aussuchen, die gar nicht mehr leben. Wichtig ist nur, dass Sie ihr Leben studieren und die besonderen Prinzipien, die diese Menschen groß gemacht haben, für sich selbst anwenden.

Lektion 21

Wenn Sie eine Aufgabe schnell und gut erledigt sehen wollen, übergeben Sie diese einem fleissigen Menschen. Ein fauler Mensch kennt zu viele Ersatzlösungen und Abkürzungen.

Die meisten von uns werden niemals erfahren, wie leistungsfähig sie tatsächlich sind, weil wir uns nie vornehmen, jeden Tag unser Bestes zu geben. Das wird besonders deutlich, wenn Sie eine wirklich interessante Chance bekommen. Egal wie beschäftigt Sie sind, Sie finden irgendwie die Zeit, sie wahrzunehmen. Umgekehrt schieben Sie leicht einmal für Sie lästige Pflichten auf die lange Bank und vergessen sie schließlich.

Fleißige Menschen schieben nichts auf. Sie wissen, wie John David Wright einmal in Bezug auf das Geschäftsleben feststellte, dass »das Leben wie Fahrradfahren ist. Entweder bleibt man in Bewegung oder man fällt um«. Effektiv arbeitende Menschen haben ein Gespür für Dringlichkeit. Sie setzen sich Deadlines und zwingen sich, Prioritäten zu setzen. Auch wenn Ihre Tätigkeiten keine strengen Termine erfordern, setzen Sie sich selbst welche. Sie werden staunen, wie viel Sie binnen kurzer Zeit erreichen können – wenn es sein muss.

Lektion 22

Wer sich auch dann nicht entscheidet, wenn ihm alle nötigen Informationen vorliegen, wird getroffene Entscheidungen auch nicht umsetzen.

Es gibt nicht die eine richtige Antwort – sondern eine endlose Zahl an richtigen Antworten – auf die meisten Probleme des Lebens. Meist haben wir viele verschiedene Möglichkeiten; die Schwierigkeit liegt darin, in einem vernünftigen Zeitrahmen die beste Alternative unter vielen zu finden. Wenn Sie sich angewöhnen, sich im kleinen Rahmen sofort zu entscheiden, werden Sie sich viel einfacher zu etwas entschließen, wenn viel mehr auf dem Spiel steht. Und was noch wichtiger ist: Es wird Ihnen viel leichter fallen, Entscheidungen zu treffen und sie umzusetzen, wenn Sie sofort und ohne zu zögern handeln.

Lektion 23

Wer nur das Nötige leistet, bekommt selten mehr als das Nötige.

Zwischen Ihrem Verhalten und Ihrem Lohn besteht ein Kausalzusammenhang. Wenn Sie viel in Ihre Karriere, Ihre Beziehungen, Ihren religiösen Glauben oder jeden anderen Bereich Ihres Lebens investieren, erhalten Sie auch viel zurück. Wenn Sie im Leben nach mehr streben als »dem Nötigen«, werden Sie niemals wirklich zufrieden mit Ihrer Firma, Ihrem Job oder sich selbst sein, wenn Sie nicht jeden Tag Ihr Bestes geben. Ihr schärfster Kritiker und Ihr zähester Konkurrent sollten Sie selbst sein.

Lektion 24

Gute Absichten sind nutzlos, solange ihnen keine Taten folgen.

Gute Absichten können ein geeigneter Startpunkt zum Erfolg sein, aber sie werden ohne Taten nirgendwo hinführen. Viele Menschen verwechseln Absichten mit Erfolg; schließlich ist es die Idee, die zählt, sagen sie sich. In Wahrheit ist aber eine noch so gewöhnliche Idee, die durchgeführt wird, weit mehr wert als ein genialer Gedankenblitz, der in Ihrem Kopf verbleibt. Es mag zu Beginn schwierig sein, stets zu handeln, aber je mehr Sie üben, desto leichter wird es.

Lektion 25

Christ zu sein erfordert mehr, als Mitglied in der Kirche zu sein.

Das Christentum ist keine passive Religion; es ist die aktive Anwendung Ihres Glaubens. Es reicht nicht, nur die Glaubensgrundsätze zu kennen. Christ zu sein bedeutet, seine Religion aktiv zu leben, positiv zu handeln, um den eigenen Charakter zu verbessern und gegenüber anderen freundlich und großzügig zu sein. Die Bibel ist voll von Anleitungen für ein gutes, anständiges Leben, und jede davon handelt von den konstruktiven Taten der Gläubigen.

In jedem Lebensbereich können Sie Zuschauer oder aktiver Teilnehmer sein. Man kann vielleicht viel aus Beobachtung lernen, aber irgendwann werden Sie an Ihrem eigenen Beitrag gemessen, nicht daran, was Sie durch Zuschauen gelernt haben. Dieses Prinzip gilt sowohl für Ihr religiöses als auch Ihr Privat- und Ihr Geschäftsleben. Letztendlich werden Sie nicht anhand der Tiefe Ihrer Überzeugungen gemessen, sondern anhand der Taten, die Sie aufgrund dieser Überzeugungen ausgeführt haben.

Lektion 26

Ein Drachen fliegt gegen den Wind, nicht mit ihm.

Man muss sich von Anfang an klar machen, dass Erfolg nicht leicht erreicht werden kann. Erfolgreiche Menschen sind wie ein Drachen im Wind: Sie steigen in große Höhen auf, fest verankert in einer Philosophie des Erfolgs, die sie auf Kurs hält, egal welche Schwierigkeiten ihnen auf dem Weg begegnen.

Verankern Sie sich in einer Philosophie, die Sie bei allen Schwierigkeiten hält, denen Sie auf Ihrem Weg zum Erfolg begegnen werden. Wenn Sie wissen, wo es hingehen soll, und klar definierte Ziele und eine Anleitung dafür haben, werden Sie vielleicht von den Windböen der Umstände gebeutelt, aber niemals komplett vom Kurs abgebracht. Je stärker der Wind, desto höher werden Sie fliegen.

Lektion 27

Der beste Weg, von einem ungeliebten Job zu einem besseren zu wechseln, ist, Ihre aktuelle Tätigkeit so gut zu machen, dass das Management Ihre Fähigkeiten für einen wichtigeren Job nutzen will.

Sie werden im Leben weit mehr erreichen, wenn Sie sich angewöhnen, lästige Aufgaben zuerst zu erledigen. Wenn man überzeugt ist, dass Sie Ihre Arbeit gewissenhaft machen und auch schwierige Aufgaben bereitwillig annehmen, wird man Ihnen sicher immer mehr Verantwortung im Unternehmen übertragen. Und wenn Sie die mühsamen Aufgaben zuerst angehen, nutzen Sie den Vorteil des höheren Energielevels am Anfang eines Tages. Danach können Sie quasi im Leerlauf Routineaufgaben erledigen. Und wenn Sie die wichtigen Arbeiten schon früh am Tag geschafft haben, können Sie auch besser mit unvorhergesehenen Unterbrechungen umgehen.

Lektion 28

Es ist egal, wenn andere ihre Arbeit nicht tun. Was zählt, ist das, was Sie tun.

Wenn Sie für Ihren Erfolg auf andere angewiesen sind, sind Sie zu einem Leben in Misserfolg und Verzweiflung verurteilt. Leider liefern nur wenige Menschen zuverlässig das, was sie versprechen. Anstatt also zu lamentieren, wie jemand anders Sie unterstützen sollte, fokussieren Sie sich darauf, wie Sie sich selbst helfen können. Der beste Aktionsplan bietet anderen, die mit Ihnen zusammen an der Erfüllung Ihrer Ziele arbeiten, einen Nutzen, aber der Erfolg sollte nicht von diesen Leuten abhängen.

Lektion 29

Das Leben sagt: »Machen Sie Geld oder machen Sie Platz, aber kommen Sie nicht mit Ausreden.«

Oder wie es in der heutigen Managementsprache heißt: »Führen Sie, folgen Sie oder gehen Sie aus dem Weg.« Wenn Sie aktiv auf ein Ziel hin arbeiten, gibt es kein Scheitern, sondern nur kleinere oder größere Erfolge.

Entscheiden Sie sich, eine Führungskraft zu werden. Ergreifen Sie die Initiative. Wenn vor Ihnen ein Problem oder eine schwierige Entscheidung liegt, brüten Sie nicht endlose Stunden über einer Lösung. Wenn Sie die Situation objektiv analysieren, werden Sie immer eine Antwort finden. Fokussieren Sie nicht das Problem; sondern die Lösung. Und dann handeln Sie. Wie W. Clement Stone oft gesagt hat: »Die Gefühle werden nicht immer von der Vernunft bestimmt, aber sie werden immer vom *Handeln* bestimmt!«

LEKTION 30

DIE WELT MACHT DEN WEG FREI FÜR DEN MENSCHEN, DER SEIN ZIEL KENNT UND SEINEN WEG GEHT.

Wenn Sie eine Vision davon haben, was Sie in Ihrem Leben erreichen wollen, werden die anderen nicht nur zur Seite treten und Sie vorbeiziehen lassen, sondern mit Ihnen gemeinsam auf Ihr Ziel zugehen. Sie werden instinktiv Ihre Begeisterung und Lebensfreude spüren. Wenn Sie von Ihrer Leidenschaft sprechen, von Ihrem großen Ziel, werden sie Ihren starken Willen erkennen und darauf reagieren, indem sie Sie ermutigen und unterstützen oder sie werden zur Seite treten. Es wird für alle in Ihrem Umfeld offensichtlich sein, dass Sie es schaffen *werden*.

Lektion 31

Eines ist sicher: Sie werden nicht ans Ziel kommen, wenn Sie gar nicht erst starten.

Ein altes Sprichwort sagt: »Auch eine Reise von tausend Meilen beginnt mit dem ersten Schritt.« Wahrscheinlich haben Sie Menschen gekannt, die am Ende ihres Lebens zurückblickten und sagten: »Hätte ich es doch anders gemacht … Hätte ich doch diese Chance genutzt, als sie sich mir bot.« Unerfüllte Leben sind voller »hätte ich doch«. Das ist der Kehrvers der zögerlichen Seelen, deren Leben zu Ende ist, bevor es jemals richtig begonnen hat.

Das Leben ist voller Chancen – für große Erfolge oder für spektakuläre Misserfolge. Sie allein können die Initiative ergreifen und die Gelegenheiten nutzen. Sie sind zu einem Leben in Mittelmäßigkeit verdammt – es sein denn, Sie werden aktiv. Schieben Sie es nicht auf; starten Sie heute!

Juni
CHANCEN

Lektion 1

Chancen verfolgen einen Menschen, der bereit ist, sie zu erkennen und ergreifen.

Es ist eine komische Laune der Natur, dass manche Menschen Chancen erkennen, während andere nur Probleme sehen. Wenn Sie Ihren Verstand trainieren, Chancen zu erblicken, werden Sie feststellen, dass jeder Tag Ihnen buchstäblich mehr Gelegenheiten bietet, als Sie nutzen können. Sie werden überall um Sie herum auftauchen. Sie brauchen nicht mehr nach Chancen Ausschau halten, da diese auf *Sie* zukommen. Ihr größtes Problem wird darin bestehen, die besten auszuwählen.

Der erste Schritt, Chancen erkennen zu lernen, sobald sie auftauchen, ist, ein klares Bild von seinen eigenen Fähigkeiten zu haben. Schätzen Sie Ihre Stärken und Schwächen so aufrichtig ein, als würden Sie die Unterlagen eines völlig Fremden prüfen. Finden Sie heraus, auf welchen Gebieten Sie am besten sind und auf welchen Sie sich noch verbessern müssen. Arbeiten Sie an Ihren Schwächen und bauen Sie Ihre Stärken aus, sodass Sie bei einer Chance bereit sind, sie zu nutzen.

Lektion 2

Wer schnell seine eigenen Grenzen erkennt, sieht oft erst spät die eigenen Chancen.

Der Filmproduzent Michael Todd sagte einmal: »Pleite sein ist vorübergehend; arm sein ist eine Einstellung.« Mit den Chancen ist es genauso. Ob Sie Chancen oder Grenzen sehen, haben Sie allein in der Hand. Wie Sie die Welt sehen, ist eine Reflexion Ihrer Einstellung. Wenn Sie sich auf Ihre Schwächen fokussieren, werden Angst, Zweifel und Misserfolg Sie heimsuchen; wenn Sie sich dagegen auf Ihre Stärken fokussieren, werden Sie Mut, Selbstvertrauen und Erfolg finden.

Aus Selbstzweifeln können Sie nur anhand bewusster, geplanter Bemühung Selbstvertrauen machen. Falls Sie an Ihren Fähigkeiten zweifeln, halten Sie inne und machen sich Ihre bisherigen Leistungen bewusst. Erinnern Sie sich an jede Erfahrung, die Ihnen in dieser Situation hilfreich sein könnte. Wenn Sie Ihr erlangtes Wissen und all Ihre Weisheit anwenden, kann Sie kaum eine Grenze aufhalten.

Lektion 3

Behaupten Sie niemals, die Welt habe Ihnen keine Chancen gegeben.

Chancen fallen einem nicht einfach so in den Schoß; man muss sie sich schaffen. Chancen gibt es für jeden Einzelnen in jeder Lebenssituation. Es sind vielleicht nicht die ersehnten Gelegenheiten, aber jede Möglichkeit, die Sie nutzen, führt zu größeren und besseren Chancen. Physische und mentale Beeinträchtigungen können Sie in Bereiche vordringen lassen, die anderen unbekannt sind, aber sie bieten auch Chancen, die andere nie bekommen werden. Denken Sie nur an Stephen Hawking und seine brillanten Forschungen über die Natur des Universums, trotz der lähmenden Krankheit, die ihm das normale Schreiben und Sprechen unmöglich machte.

Wer seine Arbeit und seine Karriere begeistert angeht, wird immer viele Chancen entdecken, während diejenigen, die sich beklagen, keine Chance zu erhalten, im Leben nur Zuschauer sind. Wenn andere nicht an Ihrer Stelle über Ihre Zukunft bestimmen sollen und Sie nicht zulassen, dass vorübergehende Rückschläge Sie in die Knie zwingen, sind Sie für den großen Erfolg bestimmt. Es werden sich Ihnen immer Chancen bieten.

Lektion 4

Wenn etwas nicht Ihre Aufgabe ist, ist es vielleicht Ihre Chance.

Jemand hat einmal festgestellt, dass wir oft Chancen verkennen, weil sie in der Verkleidung von Schwierigkeiten daherkommen. Wenn ein Kunde, ein Kollege oder Ihr Chef ein Problem hat, könnte das eine wertvolle Chance für Sie sein. Für den Menschen mit dem Problem ist es unwichtig, wie Ihre Firma aufgebaut ist oder wer für die Lösung zuständig ist; er oder sie will einfach nur eine Lösung für die Situation.

Wenn das nächste Mal ein Kunde, ein Kollege oder Ihr Chef Sie bittet, ihm bei etwas außerhalb Ihres Zuständigkeitsbereichs zu helfen, verweisen Sie nicht auf jemand anderen, sondern bieten Sie Ihre Hilfe an. Betrachten Sie die Situation vom Standpunkt des anderen. Wie sollte die Situation Ihrer Meinung nach gehandhabt werden, wenn die Rollen vertauscht wären? Ergreifen Sie die Initiative, um die Antwort zu finden, lösen Sie das Problem oder sorgen Sie dafür, dass das Projekt vorankommt.

Lektion 5

Oft klopft eine Chance an die Tür – und keiner ist da.

Die Welt ist voller glückloser Seelen, die nicht gehört haben, wie eine Chance an die Tür klopfte, weil sie gerade am Kiosk waren, um sich Lottoscheine zu kaufen. Sie haben etwas nie gelernt, das Branch Rickey, General Manager der Blooklyn Dodgers von 1942 bis 1950, einmal feststellte: »Glück ist das Abfallprodukt von Gestaltung.« Sie werden überrascht sein, wie viel mehr Glück Sie haben werden, wenn Sie bereit sind, Chancen zu nutzen.

Wie oft hatten Sie schon eine großartige Idee, die Sie nicht verwirklicht haben, nur um später zu entdecken, dass jemand anders denselben Einfall genutzt hat, um ein Unternehmen zu gründen, befördert zu werden oder einen besseren Job zu finden? Werden Sie jetzt aktiv, wenn Sie eine gute Idee haben. Warten Sie nicht darauf, dass etwas passiert – sorgen Sie selbst dafür!

Lektion 6

Ein einfallsreicher Mensch wird die Chancen immer an seine eigenen Bedürfnisse anpassen.

Die Fähigkeit, Chancen zu erkennen, ist eine entscheidende Erfolgszutat, aber das ist erst der Anfang. Eine Idee ist nur von Wert, wenn Sie sie in die Praxis umsetzen können. Besonders erfolgreiche Menschen wissen, dass man eine Chance unterschiedlich nutzen kann. Sie bewerten und formen sie nach ihren Möglichkeiten oder sie stellen ein Team aus Leuten mit den nötigen Fähigkeiten zusammen, um die Chance zu nutzen – einfach was gebraucht wird, damit es funktioniert. Selten gibt es genau eine richtige Antwort im Geschäftsleben. Oft gibt es zahllose richtige Antworten.

Lektion 7

Die Chancen laufen nicht Leuten hinterher, die mit Faulheit oder Destruktivität ihre Zeit vergeuden.

Chancen scheinen immer den Weg geschäftiger Leute zu kreuzen, die bereits kaum mit den bereits vorhandenen Möglichkeiten fertig werden. Logischerweise sollten Chancen also eher denen geboten werden, die über jede Menge Zeit verfügen, aber stattdessen tun sie sich jenen auf, die Träume haben und wissen, wie sie sie verwirklichen. Oft denken wir, Chancen seien so etwas wie ein Lebewesen, etwas, das aktiv nach einem bereitwilligen Empfänger Ausschau hält. Das Gegenteil ist aber der Fall. Chancen sind Ideen oder Konzepte, die nur in den Köpfen von Leuten existieren, die sie erkennen. Ohne eigene Ziele oder Pläne bedeuten Ihnen Chancen nichts. Sie werden erst zu Chancen, wenn Sie sie als Ideen erkennen, die Sie einsetzen können, um näher an Ihr Ziel zu kommen.

Lektion 8

Chancen interessieren sich nicht für Menschen, die nicht an ihnen interessiert sind.

In einer freien, demokratischen Gesellschaft ist die Zahl der Erfolgschancen praktisch unbegrenzt. In jeder Branche oder jedem Beruf gibt es zahllose Möglichkeiten, neue Produkte zu erfinden, die Herstellung oder die Verwaltungsprozesse zu optimieren oder einen besseren Service zu bieten als der Wettbewerber um die Ecke. Aber jede Chance ist schnell vorbei, es sei denn, jemand ergreift sie und setzt sie um.

Jedes Mal, wenn Sie vor einem schwierigen Problem stehen, halten Sie einen Moment inne und fragen Sie sich: »Welche Chance verbirgt sich in diesem Problem?« Wenn Sie eine finden, werden Sie Ihren Wettbewerbern weit voraus sein.

Lektion 9

Wer eine Chance nicht ergreift, dem wird sie auch nicht aufgedrängt.

Erfolg birgt auch immer Risiko in sich. Sie müssen es wagen und Ihre Zeit, Ihr Geld und Ihre Mühe investieren. Es zahlt sich aus, bedacht vorzugehen und Chancen bewusst zu analysieren, aber lassen Sie sich nicht durch Ängstlichkeit bremsen.

Weil Sie hart an einer Entwicklung gearbeitet haben, die Sie nun riskieren müssen, ist die Errungenschaft für Sie von hohem Wert. Aber wozu ist sie gut, wenn Sie sie nicht einsetzen? Sie werden Chancen nur insofern erkennen, als Sie bereit sind, Ihre Zeit, Ihr Geld und Ihre Mühe zu riskieren. Wenn Sie zuversichtlich sind, werden Sie mutig ein Risiko eingehen und handeln, wenn sich Ihnen eine Chance bietet. Niemand auf Erden wird Ihnen den Erfolg aufzwingen; Sie werden nur so viel Erfolg haben, wie Sie aktiv anstreben.

Lektion 10

Eine Chance ist für Sie ein Fuss in der Tür zum Erfolg, aber sie wird die Tür für Sie nicht eintreten.

Chancen sind nicht wie Fallobst. Wenn Sie in einer Lotterie gewinnen, macht Sie das sofort reich; wenn sich Ihnen eine Chance bietet, müssen Sie arbeiten. Sofern Sie Ihre Sicht für Chancen geschärft haben, werden Sie feststellen, dass sie oft darin bestehen, irgendein Potenzial auszuschöpfen, zum Beispiel einen neuen oder besseren Service anzubieten, die Produktion zu straffen oder einen neuen Markt zu erschließen.

Deshalb ist es so wichtig, Eigeninitiative zu zeigen. Sie müssen so schnell wie möglich handeln, sobald Sie eine Chance erkennen. Ihre Aktivitäten sind dann vielleicht einfach nur weitere Recherchen oder ein schneller Verkauf. In den meisten Fällen jedoch braucht eine Chance Zeit und Durchhaltevermögen, um sich zu entwickeln.

Lektion 11

Die Chance springt nie den an, der noch mit der Unentschlossenheit zu kämpfen hat.

Erfolgreiche Menschen sind Entscheidungsmenschen. Wenn sich ihnen eine Chance bietet, schätzen sie sie sorgfältig ab, treffen eine Entscheidung und treten angemessen in Aktion. Sie wissen, dass Unentschiedenheit Zeit verschwendet, die man für produktivere Aufgaben verwenden könnte. Sie meiden auch unnötiges Risiko, indem sie ihre Entscheidungen Stück für Stück implementieren. Sie versuchen nicht, schon zu Beginn alle Entscheidungen zu treffen. Jede Handlung bedingt der Erfolg der vorangehenden Handlung.

Man sagt von Benjamin Franklin, einem der weisesten Männer Amerikas, dass er eine einfache Methode nutzte, um schwierige Entscheidungen zu treffen. Er zog auf einem Blatt Papier in der Mitte eine vertikale Linie. Auf der einen Seite listete er die Pro-Argumente der Entscheidung auf, auf der anderen die Kontra-Argumente. Das half ihm nicht nur, sich zu entschließen, sondern die Liste diente auch als grafische Illustration der Vor- und Nachteile jeder noch so komplexen Entscheidung. Die Auswirkungen des Entschlusses konnten dann schnell und einfach bewertet werden.

Lektion 12

Warten Sie darauf, dass der Erfolg an Ihre Tür klopft, oder suchen Sie ihn dort, wo er sich verbirgt?

Wenn Sie darauf warten, dass der Erfolg an Ihre Tür klopft, werden Sie eine herbe Enttäuschung erleben. Erfolg wird nur selten jemandem aufgezwungen, und er wird nie unerwartet über Sie hereinbrechen. Sie müssen Vorbereitungen treffen und den Erfolg aktiv angehen, wenn Sie jemals erfolgreich sein möchten. Verfolgen Sie permanent und aufmerksam jede Veränderung in Ihrem Unternehmen oder Ihrem Beruf. Abonnieren Sie Handelsmagazine und Fachzeitschriften, treten Sie Branchen- oder Berufsverbänden bei und lernen Sie die Experten auf dem Gebiet kennen, damit Sie stets über neue Entwicklungen auf dem Laufenden sind.

Lektion 13

Man kann nicht viel tun für einen Menschen, der nicht versucht, etwas für sich selbst zu tun.

Einer der Schlüssel zum Erfolg ist Eigeninitiative. Die meisten Leute – auch jene, die für den Erfolg in Ihrem Leben eine Schlüsselrolle spielen – werden Ihnen nicht ihre Hilfe und Unterstützung schenken, wenn Sie nicht zuerst handeln. Wenn Sie sehen, dass etwas getan werden muss, machen Sie es einfach. Dave Thomas, Gründer von Wendy's, pflegte zu sagen: »Ein bisschen Initiative wird Ihr Glück an neun von zehn Tagen verbessern.«

Lektion 14

Ein kleiner Job, den man gut macht, ist der erste Schritt zu einem grösseren Job.

Erfolg ist eher ein Prozess als ein Ereignis. Großer Erfolg steht am Ende einer langen Reihe kleinerer Erfolge. Die meisten von uns verdienen sich ihre Sporen Schritt für Schritt, und so arbeiten wir uns durch die Ränge nach oben. Am Anfang unserer Karriere erhalten wir Aufgaben, die unseren Fähigkeiten und Erfahrungen entsprechen. Wenn wir uns im Unternehmen bewähren, überträgt man uns nach und nach immer mehr Verantwortung und größere Projekte. Wenn Sie die Verantwortung für eine Position übernehmen, richten Sie dabei den Blick auf die nächste Position. Geben Sie in Ihrem Job jeden Tag Ihr absolut Bestes, aber behalten Sie dabei immer auch Ihre Zukunft im Blick. Sehen Sie jeden Tag als Chance, etwas zu lernen, das Sie für das Unternehmen wertvoller macht, sodass Ihrem Chef bei einer Beförderung Ihr Name als Erstes einfällt.

Lektion 15

Fragen Sie nicht Ihren Arbeitgeber, warum Sie nicht befördert werden. Fragen Sie die Person, die den Grund am besten kennt – sich selbst.

Es gibt nur eine Person, die für den Fortschritt Ihrer Karriere verantwortlich ist, und das sind Sie. Lee Iacocca soll seinen gesamten Karriereplan auf die Rückseite einer Visitenkarte geschrieben haben. Darauf standen die Beförderungen, die er erreichen wollte, und das jeweilige Datum, wann er diese erwartete – bis hin zum CEO des Unternehmens. Erfolgreiche Leute wissen, dass sie sich ihre Chancen selbst schaffen und bereit sein müssen, wenn sie eintreten.

Manche Organisationen definieren Karrierewege eindeutig, andere arbeiten eher informell, aber wenn Sie die Leute im oberen Management des Unternehmens studieren, erkennen Sie schnell, welche Vorbildung und Erfahrungen Sie brauchen, um voranzukommen. Wenn Sie in einem Unternehmen sind, das Sie begeistert, sollten Sie herausfinden, wo Ihre Karriere hinführen soll. Beginnen Sie dann, sich für den angestrebten Job zu qualifizieren.

Lektion 16

Worauf warten Sie und warum?

Zu viele Menschen warten ihr ganzes Leben lang auf den glorreichen Tag, an dem sich ihnen die perfekte Chance bietet. Zu spät wird ihnen dann klar, dass sich denjenigen, die bereit sind, täglich eine Chance präsentiert.

Falls Sie noch keinen Plan für Ihr Lebensziel formuliert haben, vertrödeln Sie keine Minute mehr. Mit einer konkreten Zielvorgabe und dem brennenden Wunsch, Ihre Ziele zu erreichen, kann Ihnen nichts im Wege stehen. Warten Sie nicht, dass Ihr Leben beginnt. Wenn Sie wissen, was und wie Sie es erreichen wollen, wird das Leben Ihre Bedingungen akzeptieren, nicht umgekehrt.

Lektion 17

Leben Sie jeden Tag, als sei es Ihr letzter, und Sie werden Chancen völlig anders schätzen.

Wenn Sie nur noch einen Tag auf Erden hätten, wie viel schärfer wären Ihre Sinne dann. Die Schönheit der Natur, die einfachen Freuden des Lebens wären unbeschreiblich wunderbar, und jeder Augenblick würde Ihnen eine Chance bieten, wertvolle Zeit mit Ihrer Familie zu verbringen und die Beziehungen zu Freunden, Bekannten und Geschäftspartnern zu festigen. Jeder Gedanke wäre in diesem hochfokussieren Zustand glasklar. Also: Heute *ist* der letzte Tag auf Erden für die Chancen von *heute*. Verpassen Sie sie nicht.

Lektion 18

Die meisten Missgeschicke resultieren aus falsch genutzter Zeit.

Das einzige Glück auf der Welt ist das selbst geschaffene Glück. Nur im Spielcasino ist das Glück aufseiten des Hauses. Im echten Leben favorisiert es immer diejenigen, die ihre Zeit weise nutzen, um konstruktiv ihre Ziele zu verfolgen, und die jeden Tag mit ehrlicher Arbeit erfüllen.

Misserfolg befällt diejenigen, die Zeit und geistige Energie vergeuden, indem sie auf den großen Durchbruch warten, der sie groß herausbringen wird. Wir alle haben nur 24 Stunden am Tag zur Verfügung. Die meisten von uns verbringen acht Stunden mit Arbeit und acht Stunden mit Schlaf. Was Sie mit den verbleibenden acht Stunden tun, hat einen enormen Einfluss auf Ihren Erfolg im Leben.

Lektion 19

Das Interessanteste an einer Briefmarke ist, wie nachhaltig sie an ihrer Aufgabe klebt.

Die kleine, unbedeutende Briefmarke ist ein gutes Beispiel dafür, was möglich ist, wenn man an einer Aufgabe bis zum Schluss dranbleibt. Sie klebt ganz unauffällig in der Ecke eines Umschlags und sorgt doch dafür, dass die Sendung ihren Bestimmungsort erreicht. Sie können gar nicht ermessen, wie groß sich Ihr Einfluss auf Ihr Unternehmen, Ihre Kirchengemeinde, Ihre Familie oder jede andere Organisation auswirken kann, wenn Sie durchhalten und Ihr Ziel bis zum guten Schluss verfolgen. Zweifellos werden Sie mit Ihren lohnenswerten Mühen auf Hindernisse stoßen. Wenn es soweit ist, denken Sie an die unscheinbare kleine Briefmarke und bleiben Sie dran, bis Ihre Aufgabe erfüllt ist.

Lektion 20

Wenn es schwer wird, ist es leicht, aufzugeben. Nur ein Vollblutpferd gibt nie auf, bis es gewinnt.

Der Weg zum Erfolg ist steinig. Wäre es anders, könnte ihn jeder erreichen. Der Football-Lineman im All-Pro-Team der NFL Brian Holloway erinnerte sich einmal, als er für die New England Patriots und die Los Angeles Raiders spielte, habe er täglich daran gedacht, aufzugeben, weil der Weg zu schwierig war und die Opfer zu hoch. Er gab natürlich nicht auf, sondern war bereit, den Preis zu zahlen, weil er sich für den Erfolg entschlossen hatte. Echte Vollblutpferde geben nie auf. Der Wettbewerb spornt sie nur an, und Hindernisse verstärken ihre Entschlossenheit weiter. Falls Sie bisher in Ihrem Leben noch nichts Großartiges erreicht haben, geben Sie sich wahrscheinlich mit wenig zufrieden. Sie werden die Ziellinie vielleicht nicht bei jedem Versuch erreichen, aber wenn Sie im Rennen bleiben, werden Sie am Ende siegen.

Lektion 21

Der Sieg ist immer möglich für den, der den Kampf nicht aufgibt.

Julius Caesar wollte schon lange Zeit Britannien erobern. Er segelte zu den Britischen Inseln, ließ seine Truppen und Vorräte still und heimlich von Bord bringen und befahl, die Schiffe zu verbrennen. Dann rief er all seine Männer zusammen und sagte: »Jetzt heißt es siegen oder sterben. Wir haben keine Wahl.« Mit diesem einen Befehl garantierte er den Erfolg seines Feldzugs. Er wusste, dass Menschen, die keine Wahl haben – oder keine Alternative akzeptieren würden – immer siegen.

Wenn Sie scheinbar einer Niederlage entgegensehen, können Sie Ihre Sache durch einen alternativen Aktionskurs vorantreiben. Wenn Ihr Ziel per Frontalangriff nicht zu erreichen ist, versuchen Sie es von der Seite. Nur wenige Probleme im Leben sind unlösbar, und nur wenige Hindernisse kann man am Ende nicht doch noch aus dem Weg räumen – ein entschlossener, motivierter Mensch mit einem anpassungsfähigen Plan kann es schaffen.

Lektion 22

Die Natur offenbart ihre tiefsten Geheimnisse dem Menschen, der sie wirklich entdecken will.

Die Naturwissenschaft ist vielleicht das beste Anschauungsbeispiel dafür, dass stets jene Menschen erfolgreich sind, die dem Prinzip des exakten Denkens beharrlich folgen. Über den großen amerikanischen Erfinder Thomas A. Edison heißt es, er sei 10 000-mal beim Versuch, eine funktionsfähige elektrische Glühbirne zu entwickeln, gescheitert. Er lernte aus jedem missglückten Versuch und gab nicht auf, bis er es geschafft hatte. Durchbrüche geschehen täglich, weil ein entschlossener Mensch weiter nach Lösungen für komplexe Probleme sucht, lange nachdem alle anderen aufgegeben haben und nach Hause gegangen sind. Sie werden vielleicht nicht die Glühbirne erfinden oder den nächsten Supercomputer, aber Sie können kreative Lösungen für alte Probleme finden, wenn Sie die bewährten Erfolgsprinzipien konsequent und beharrlich anwenden.

Lektion 23

Bevor Sie sich wegen einer Gehaltserhöhung Sorgen machen, überlegen Sie, wie Sie Ihren Job besser machen können, dann sind Ihre Sorgen vielleicht unnötig.

Wenn Sie Ihre Zeit und Mühen aufwenden, um bei jeder Ihrer Aufgaben Ihr Bestes zu geben, anstatt sich überzeugende Argumente auszudenken, warum Sie mehr Gehalt verdienen, werden die Gehaltserhöhungen von alleine kommen. Sofern Sie stets begeistert und mit einer freundlichen, kooperativen Haltung arbeiten, unterscheiden Sie sich von den allermeisten Leuten, die vor allem an Pausen, Zuschüsse, Gehaltsschecks und Feierabend denken. Beschweren Sie sich bei niemandem über Ihre Stellung oder Ihr Gehalt, nicht einmal bei Ihrem besten Freund. Es wird am Ende bis zum Chef durchsickern. Was für eine Sorte Mitarbeiter würden Sie in Ihrem Team lieber haben: einen, der sich permanent beklagt, oder einen, der immer hilfsbereit, fröhlich und zuverlässig ist?

Lektion 24

Henry Ford soll jedem 25 000 Dollar geboten haben, der ihm zeigte, wie man an jedem Auto aus seiner Produktion eine einzige Schraube und Mutter einsparen könnte.

Ohne Henry Ford wäre unser Land nicht das Amerika, das wir heute kennen. Seine Besessenheit in puncto Kostenreduzierung und optimaler Produktivität ermöglichte ihm, das erste Automobil für jedermann zu bauen, und begründete das riesige Straßen- und Autobahnnetz, das unsere heutige mobile Gesellschaft hervorbrachte. Es bereitete auch den Weg für das umfassende Qualitätsmanagement und die Programme zur kontinuierlichen Verbesserung in der heutigen Automobilindustrie.

Wir wären alle gut beraten, aus den Lektionen der Automobilindustrie in den letzten Jahren zu lernen. Der obsessive Fokus auf die Wünsche und Bedürfnisse unserer Kunden ermöglicht uns, ein unverzichtbarer Teil ihres Lebens zu werden, aber nichts ist für immer. In praktisch jeder Branche wird kontinuierliche Verbesserung erwartet, und Qualität ist in der heutigen globalen Wirtschaft die Mindestanforderung. Führungskräfte zeichnen sich dadurch aus, dass sie den Wettbewerb in jedem Aspekt des Geschäfts deutlich übertreffen.

Lektion 25

Zeigen Sie mir, wie man 10 Cent bei jedem Produktionsschritt einspart, und ich zeige Ihnen, wie Sie schnell und angemessen befördert werden.

Wenn Sie in Ihrem Unternehmen Kosten sparen wollen, denken Sie wie ein Manager oder Unternehmer. Jeder Manager, der sein Gehalt wert ist, weiß, dass in einem Massenproduktionsprozess Einsparungen von ein paar Cent pro Ablauf sich schnell zu Tausenden Dollar aufsummieren. Und ein Mitarbeiter, der es schafft, einem Unternehmen Tausende Dollar zu ersparen, ist für eine Beförderung prädestiniert; diese Person ist zu wertvoll, um nicht befördert zu werden.

Sie sind in der Lage, Ihren Job produktiver zu gestalten. Kein anderer kennt Ihre Arbeit so gut wie Sie. Motivieren Sie sich, immer besser zu werden, indem Sie mit sich selbst wetteifern. Wenn Sie an einer bestimmten Aufgabe arbeiten, suchen Sie nach Abkürzungen, um sie schneller zu erledigen. Nutzen Sie die eingesparte Zeit, um die anderen Bereiche Ihres Jobs zu analysieren, bieten Sie an, anderen bei schwierigen oder zeitaufwendigen Aufgaben zu helfen oder gehen Sie eine neue, lohnendere Aufgabe an.

Lektion 26

Viele erfolgreiche Menschen haben in Phasen des Misserfolgs und schlechter Zeiten Chancen entdeckt, die sie in guten Zeiten nicht fanden.

Samuel Johnson hat einmal beobachtet, dass die Aussicht, gehängt zu werden, den Geist auf wunderbare Weise fokussiert. Auch Sie haben vielleicht schon einmal festgestellt, dass Sie am klarsten denken, wenn Sie in großen Schwierigkeiten sind. Verzweiflung beweist oft, dass man besser ist, als man dachte. Doch mit Ausnahme einer unmittelbaren Bedrohung für Leib und Leben gibt es nur wenige Situationen, die sofortiges Handeln erfordern. Wenn sich die Welt gegen Sie verschworen zu haben scheint und irgendwie nichts gut läuft, halten Sie einen Augenblick inne und überdenken Sie die Lage. Dann entwickeln Sie einen effizienten Aktionsplan mit den besten Erfolgsaussichten.

Lektion 27

Lassen Sie die kleinen Details nicht ausser Acht. Denken Sie daran: das gesamte Universum besteht aus winzigen Atomen.

Ein altes Sprichwort besagt: »Wenn du dich um die kleinen Dinge kümmerst, laufen die großen Dinge von selbst.« Mit anderen Worten, jede Aufgabe besteht aus vielen kleinen Einzelheiten, von denen jede vergessene später große Probleme verursachen kann. Wenn Sie sich nur schwer auf Details konzentrieren können – Papierkram, Ausgabenkonten oder andere nervige Kleinarbeiten – reservieren Sie sich eine Zeitspanne in Ihrem Arbeitszyklus (täglich, wöchentlich oder monatlich), um solche unangenehmen Aufgaben zu erledigen. Bereiten Sie sich innerlich darauf vor, dass nun solche Aufgaben anstehen, und möglicherweise werden Sie sie schnell und effizient erledigt haben. Vielleicht stellen Sie sogar fest, dass die Aufgabe nicht annähernd so unangenehm war, wie Sie erwartet hatten.

Lektion 28

Ihr Job wird Ihnen nicht mehr geben als Sie ihm.

Jeder Job bietet Chancen für persönliches Wachstum, wenn Sie ihn als positive Lernerfahrung annehmen. Genau wie jedes Unternehmen sich an neue Technologien, Wettbewerber und unzählige andere Veränderungen anpassen muss, so muss auch jeder Einzelne sich anpassen. Wenn Sie in Ihrem Job nicht lernen oder sich weiterentwickeln, stagnieren Sie und fallen zurück. Es ist unmöglich, still zu stehen. Sehen Sie jeden Tag als Chance, etwas Neues zu lernen, sich selbst zu verbessern, und erledigen Sie nur eine Sache besser als vorher. In einer dynamischen Organisation ist es unmöglich, jede Aufgabe zu meistern; gerade wenn Sie meinen, Sie hätten alles im Griff, verändert sich wieder alles. Akzeptieren Sie solche Veränderungen als notwendigen Teil des Geschäftslebens, der das Leben interessant und aufregend macht. Somit werden Sie Ihren Job viel angenehmer finden, und Sie werden tatsächlich feststellen, dass Ihr Job Ihnen mehr gibt als Sie ihm.

Lektion 29

Kompetenz ist mehr wert als Geld, denn Sie können sie weder verlieren noch kann sie Ihnen gestohlen werden.

Wenn Sie das Leben besonders erfolgreicher Menschen studieren, werden Sie feststellen, dass sie nur selten an die Spitze ihres Unternehmens oder Berufs gelangen, um dort zu bleiben. Oft erklimmen sie mehrmals den Gipfel und stürzen dann wieder ab, aber sie wissen, dass ihre Kompetenz ihnen bleibt und sie wieder nach oben befördern kann. Ihre Fähigkeiten gehören Ihnen allein; niemand kann sie Ihnen jemals wegnehmen.

Lektion 30

Wenn Sie negativen Gedanken die Tür verschliessen, öffnet sich Ihnen die Tür der Chancen.

Es liegt in der Natur der Chance, dass sie sich negativ denkenden Menschen verweigert. Negative Denker können keine aufregenden neuen Geschäftschancen konzipieren, innovative Produkte erfinden, schwierige Probleme lösen oder wunderschöne Musik oder Kunstwerke schaffen. All diese Aktivitäten erfordern einen positiven Glauben an sich selbst und die eigenen Fähigkeiten. Wenn Sie jede Herausforderung mit positivem Denken anpacken, werden Sie immer bislang ungenutzte Chancen entdecken. Feiern Sie Ihre Erfolge und erinnern Sie sich an sie, wenn Sie es einmal schwer haben. Trösten Sie sich damit, dass Sie es in der Vergangenheit schon einmal geschafft haben, und dass es wieder gelingen kann. *Sie können es schaffen, wenn Sie glauben, dass Sie es können!*

Juli
TEAMWORK MACHT STARK

Lektion 1

Falls Sie nicht Offizier in der Armee sind, erreichen Sie bessere Resultate durch Anfragen als durch Befehle.

In der amerikanischen Armee wird enorm viel Zeit darauf verwendet, Leuten kompromisslosen Befehlsgehorsam beizubringen. Dies ist eine essenzielle Eigenschaft amerikanischer Soldaten. Im täglichen Leben funktioniert alles ein bisschen anders. Führungskräfte im Geschäftsleben, in der Politik und in der Verwaltung haben gelernt, dass normale Menschen außergewöhnliche Aufgaben vollbringen können, wenn man sie darum bittet – und es ihnen nicht befiehlt.

Als Vorgesetzter werden auch Sie weit mehr erreichen, wenn Sie jede Anweisung in eine Bitte verwandeln. Einführende Satzteile wie »Wenn es Ihnen nichts ausmacht, …«, »Dürfte ich bei … um Ihre Hilfe bitten« oder das stets wirkungsvolle »Bitte …« werden weit öfter Erfolg bringen, als Ihre Mitarbeiter einzuschüchtern. Auch wenn Sie von Arbeitnehmern, deren Gehalt Sie nicht verantworten, Hilfe brauchen, werden Sie mit Anfragen weitaus mehr als mit Anweisungen erreichen.

Lektion 2

Niemand vermag Anweisungen zu geben, wenn er oder sie nicht gelernt hat, Anweisungen anzunehmen und durchzuführen.

Führungskompetenz zeichnet sich unter anderem dadurch aus, dass Sie andere motivieren, deren Ziele mit Ihren und denen des Unternehmens in Einklang zu bringen. Solang Sie nicht in der Lage sind, sich anderen anzuschließen, die Kräfte zu bündeln und gemeinsam ein Ziel zu verfolgen, werden Sie andere auch nicht bewegen können, sich Ihrer Sache anzuschließen. Effektive Führungskräfte erkennen den Wert von Zusammenarbeit, und sie lernen, wie man Anweisungen befolgt, bevor man ihnen die Verantwortung für die Leistungen anderer überträgt.

Gute Vorgesetzte zeigen durch ihr eigenes Beispiel, welches Verhalten sie von anderen erwarten. Auch wenn die Truppen vielleicht darauf trainiert sind, Befehle fraglos zu befolgen, immer ist es der Offizier, der sie in die Schlacht führt. Sie können andere nicht dazu drängen, Ihrem Beispiel zu folgen; Sie müssen sie mitziehen. Wenn Sie sich durch jedes Wort und jede Tat als ein Mensch mit gutem Charakter erweisen, als jemand, der für das Gesamtwohl der ganzen Organisation arbeitet, werden Ihre Leute Ihnen folgen.

Lektion 3

Bereitwillige Zusammenarbeit bündelt die Kräfte nachhaltig, erzwungene Zusammenarbeit endet im Misserfolg.

Keine Zivilisation, die auf einer ungerechten Behandlung ihres Volkes beruhte, hat je lange Zeit überdauert. Ein Tyrann mag die Kooperation anderer eine Zeit lang erzwingen können, aber diese Kräfte währen nicht lange. Erst wenn man Menschen den verdienten Respekt entgegenbringt, schaffen sie erfolgreiche Organisationen und Gesellschaften und erhalten sie. Wenn Sie ein Unternehmen oder eine Organisation auf Fairness und Gerechtigkeit für jedes Mitglied begründen, haben Sie etwas von Dauer geschaffen.

Am besten wenden Sie die Goldene Regel an, um sich die Loyalität und stetige Kooperationsbereitschaft anderer zu sichern. Dies ist die erfolgreichste und langlebigste Managementregel aller Zeiten. Wenn Sie andere in einer bestimmten Situation so behandeln, wie Sie es für sich selbst wünschen, werden Sie Loyalität und begeisterte Zusammenarbeit ernten. Stellen Sie an sich selbst und andere hohe Ansprüche, behandeln Sie andere gut, lassen Sie sie ihre Arbeit tun, und sie werden für Sie Wunder vollbringen.

Lektion 4

Sprechen Sie mit Ihrem Chef darüber, was Ihnen am Unternehmen gefällt, und er oder sie wird Ihnen bereitwillig helfen, Ihre Kritikpunkte zu beseitigen.

In den letzten Jahren wurde viel unternommen, um die traditionelle Feindschaft zwischen Angestellten und Chefs zu überwinden. Endlich haben wir verstanden, dass jeder gewinnt, wenn wir uns darauf konzentrieren, unsere Klienten und Kunden besser zu bedienen. Wenn Sie sich auf das Gute in Ihrem Unternehmen fokussieren, anstatt auf Ihre Kritikpunkte, werden Sie erstaunlich schnell mehr Verantwortung erhalten. Und schon bald werden Sie Ihre Mitarbeiter in Ihren alten Job einweisen.

Lektion 5

Freundschaftliche Zusammenarbeit wird Sie in jedem Markt viel weiter bringen als feindselige Hetze.

Wenn Sie Ihren Wettbewerbern so höflich und respektvoll begegnen, wie Sie es sich selbst wünschen, werden die meisten ebenso freundlich reagieren, und das Ergebnis ist eine stabile, produktive und profitable Branche. Eine Branche oder ein Markt mit feindseligen, unethisch handelnden Wettbewerbern wird sich bald selbst zerstören. Wenn man Sie fragt, wie sich Ihre Produkte oder Ihr Service von der Konkurrenz unterscheiden, sprechen Sie respektvoll und höflich über Ihre Rivalen, versuchen Sie jedoch, das Gespräch auf Ihr Unternehmen und Ihre Produkte zu lenken. Erkennen Sie die guten Seiten der anderen an und reden Sie dann von anderen Inhalten. Zu sehr über den Wettbewerb herzuziehen, könnte potenzielle Kunden veranlassen, sich zu fragen, ob sie etwas verpasst haben, sodass sie mit dem Kauf warten, bis sie Ihr Angebot mit dem anderer Firmen verglichen haben.

Lektion 6

Niemand kann ohne gute Zusammenarbeit erfolgreich sein und bleiben.

In unserer heutigen Gesellschaft hängen wir alle voneinander ab, und daher kann der Einzelne ohne die Hilfe anderer kaum große Erfolge erzielen, egal in welcher Branche, welchem Beruf oder welcher Tätigkeit. Der beste Weg zu guter Zusammenarbeit ist, sie selbst zu leisten. Wenn Sie andere stets fördern und sie nach Kräften bei ihrer Karriere unterstützen, werden die meisten auch Ihnen bei Bedarf helfen. Geben Sie großzügig, damit Sie Großzügigkeit ernten.

Lektion 7

Zusammenarbeit muss an der Spitze einer Abteilung beginnen, wenn man sie am anderen Ende erwartet. Dasselbe gilt für Effizienz.

In den meisten großen Organisationen wird enorm viel Zeit und Energie mit Rivalitäten zwischen den Abteilungen verschwendet. Manager, die firmenintern mit anderen konkurrieren, vergeuden wertvolle Ressourcen, die essenziell wären, um besseren Kundenservice zu leisten. Und noch schlimmer – durch interne negative Entwicklungen kann ein Unternehmen Chancen verpassen, wobei die Langzeiteffekte erst Monate oder sogar Jahre später spürbar werden. Egal ob Sie Abteilungsleiter sind oder der neue Mitarbeiter in der Belegschaft: Sie können Ihrer Firma enorm helfen, wenn Sie bei diesem internen Wettbewerb nicht mitmischen. Wetteifern Sie lieber mit sich selbst und geben Sie Ihr Bestes im Job, anstatt mit anderen zu konkurrieren.

Lektion 8

Gute Zusammenarbeit ist niemals Teufelswerk. Der Teufel arbeitet auf der anderen Seite.

Die besten menschlichen Beziehungen werden im Geist von Zusammenarbeit und Harmonie eingegangen. Gute Kooperation ist in vieler Hinsicht die physische Manifestation Ihres Engagements und Mitgefühls für Ihren Nächsten. Wenn Sie mit anderen effektiv zusammenarbeiten, verhalten Sie sich gemäß den Grundprinzipien der meisten Religionen und aller erfolgreichen Gesellschaften. Jeder empfindet hin und wieder einmal Eifersucht oder Neid, und meist auch einen Impuls, unliebsamen Zeitgenossen Schwierigkeiten zu bereiten. Wahrhaft erfolgreiche Menschen können solche Impulse jedoch kontrollieren. Sie wissen, sich auf die eigenen Ziele zu konzentrieren und anderen zu helfen, lässt sie am Ende ihre Ziele erreichen. Es ist nicht leicht, immer freundlich und kooperativ zu sein, aber am Ende werden Sie feststellen, dass es die Mühe wert war.

Lektion 9

Gute Zusammenarbeit zahlt sich immer aus, weil solches Teamwork positives Denken fördert, das jedes Hindernis überwindet.

In jeder Organisation gibt es hin und wieder Hindernisse. Manchmal sind es technische Probleme, manchmal Unstimmigkeiten zwischen Teammitgliedern über den weiteren Kurs. Wenn Sie als Beispiel für Initiative und offene Kommunikation gelten, wird Ihr Team über die mentalen und spirituellen Ressourcen verfügen, um solche Hürden zu überwinden.

Eine Gruppe, in der sich alle vertrauen, verliert keine Energie mit Prestigekämpfen. Die Mitglieder wissen, dass sie alle von einer Lösung profitieren werden, und sind motiviert, sie durch geteilte Kenntnisse und Ideen zu finden. Aus diesen vielen Teilen kann ein Teamleiter die nötige Lösung herbeiführen, aber nur, wenn der Geist der Freundlichkeit und Ehrlichkeit vorherrscht.

Lektion 10

Wer sich nichts sagen lässt, sollte keine Anweisungen erteilen.

Falls Sie ein unverantwortlicher oder widerspenstiger Mitarbeiter sind, der Anweisungen von anderen nicht duldet, werden Sie auf der untersten Stufe der Hierarchie verharren. Bevor Sie jemals Menschen führen dürfen, müssen Sie zuerst sich selbst und Ihr Verhältnis zu anderen in den Griff bekommen, besonders gegenüber Höhergestellten im Unternehmen. Wenn Sie keine gute Beziehung zu Ihrem Chef oder Ihren Vorgesetzten aufbauen, werden Sie nie in der Lage sein, gut mit Ihren Untergebenen auszukommen.

Lektion 11

Denken Sie immer daran, dass niemand Ihre Gefühle verletzen kann, wenn Sie es nicht zulassen.

Niemand kann Sie zu irgendeiner emotionalen Reaktion hinreißen, wenn Sie es ihm nicht zuvor erlaubt haben. Sie allein sind verantwortlich für Ihre Gefühle. Wenn Sie Ihr Leben zielstrebig führen, werden ärgerliche Situationen Sie nicht lange von Ihren Zielen abbringen können. Wenn Sie begeistert an ehrgeizigen Zielen arbeiten, werden Sie keine Zeit für kleine Ärgernisse haben, die Sie aufregen und auf Ihrem Weg aufhalten.

Lektion 12

Wenn Sie Ihre Freunde nur anrufen, wenn Sie etwas brauchen, stehen Sie bald ohne Freunde da.

Es steckt viel Weisheit in dem alten Spruch: »Wenn du Freunde haben willst, sei selbst ein Freund.« Freundschaft heißt zu geben, ohne etwas zu erwarten. Erfolgreiche, aktive Menschen suchen nicht nach neuen Freunden. Wenn Sie ein Freund eines erfolgreichen Menschen werden wollen, müssen Sie sich um seine Freundschaft bemühen. Lassen Sie ihn wissen, dass Sie an ihm als Mensch interessiert sind, nicht an seiner Unterstützung. Auf diese Weise können Sie einen treuen Freund gewinnen.

Lektion 13

So wie Sie Ihre Freunde behandeln, gehen Ihre Freunde auch mit Ihnen um.

Ihre Freunde werden zu dem, was Sie aus ihnen machen. Wenn Sie Ihre Zeit bereitwillig opfern und anderen immer Beachtung schenken, werden Ihre Freunde großzügig und nett sein. Wenn Sie Ihre Freunde für selbstverständlich nehmen und weder viel geben noch viel erwarten, werden diese sich ähnlich verhalten. In der Freundschaft gilt: Gleich und Gleich gesellt sich gern.

Überprüfen Sie Ihr Verhalten von Zeit zu Zeit, um festzustellen, welche Art Freund Sie sind. Hätten Sie sich selbst gerne als Freund? Geben Sie bereitwillig mehr, als Sie erwarten, oder bitten Sie immer um etwas, ohne selbst jemals zu geben? Nehmen Sie sich die Zeit, um in Kontakt zu bleiben, und denken Sie zu besonderen Anlässen an Ihre Freunde? Wenn Sie so von Ihren eigenen Interessen vereinnahmt sind, dass Sie Ihre Freunde vergessen, sind Sie auf dem besten Wege, bald ohne sie dazustehen.

Lektion 14

Wenn Sie sich Bekannte wünschen, werden Sie am besten reich. Wenn Ihnen an Freunden liegt, seien Sie selbst einer.

Geld macht Sie für andere attraktiv und anziehend wie sonst nichts. Aber Menschen, die nur deswegen Ihre Nähe suchen, weil Sie etwas für sie tun können, sind allenfalls Bekannte, keine Freunde. Wenn Sie reich werden, werden Sie vielleicht Bekannte haben, aber egal in welcher Phase Ihres Lebens Sie sich befinden: Sie werden nie echte Freunde finden, wenn Sie anderen kein Freund sein können. Seien Sie wählerisch bei der Auswahl Ihrer Freunde. Suchen Sie die Nähe positiver Menschen, die Sie so mögen, wie Sie sind und Sie ermutigen, authentisch zu sein, und die das Gute in Ihnen fördern.

Lektion 15

Wenn Sie jemanden im Stich lassen, achten Sie darauf, dass es nicht ein Freund ist, der Ihnen in schlechten Zeiten geholfen hat.

Wir alle leiden an schlechtem Gedächtnis. Wir sind mit unseren eigenen Interessen und alltäglichen Sorgen beschäftigt, und schnell verlieren wir den Kontakt zu Freunden. Immer wieder werden Sie im Leben wählen müssen zwischen dem, was Sie tun wollen, und dem, was Sie tun müssen. Wenn Sie vor einer solchen Entscheidung stehen, sorgen Sie dafür, dass Sie sich immer an Ihre treuen Freunde erinnern, die in der Not für Sie da waren, und lassen Sie sie unter keinen Umständen im Stich.

Wenn Sie einen Freund fallen lassen, der Ihnen in einer Bedrängnis geholfen hat, werden Sie nicht nur der Freundschaft schaden, sondern auch dem Respekt vor sich selbst. Wenn Sie einen Freund im Stich lassen, egal wie schwer Sie selbst belastet sein mögen, lassen Sie auch sich selbst im Stich. Wenn Sie in einer Situation absolut nicht als Freund handeln können, finden Sie einen Weg, es wiedergutzumachen.

Lektion 16

Ein Freund ist jemand, der alles über Sie weiss und Sie dennoch respektiert.

Ein echter Freund ist ein unbezahlbares Geschenk. Wenn wir anderen unsere Hoffnungen, Träume und tiefsten Geheimnisse enthüllen und sie uns noch immer mögen und respektieren, sollten wir diese Menschen wertschätzen. Allzu oft ist der einzige Grund, warum andere mit uns Zeit verbringen – also unsere Freunde sind –, die Hoffnung, wir können etwas für sie tun, nicht umgekehrt. Echte Freundschaft beruht auf Gegenseitigkeit, und jede Seite zieht daraus den gleichen Nutzen.

Sie können die Freundschaft anderer gewinnen, indem Sie deren Respekt verdienen. Wenn andere zu Ihnen aufschauen, sollten Sie sie umso mehr mit dem Respekt behandeln, den Sie auch von ihnen erwarten.

Lektion 17

Freundschaft muss man oft zeigen, damit sie erhalten bleibt.

Wir sind alle Menschen mit Schwächen, Eigenheiten und Unsicherheiten. Wir alle brauchen Anerkennung für unsere Einzigartigkeit, die uns von anderen unterscheidet, und wir brauchen Worte der Wertschätzung. Freundschaften aufrechtzuerhalten macht Mühe, und man muss Freundschaft regelmäßig in Wort und Tat ausdrücken. Sagen Sie Ihren Freunden oft, wie sehr Sie sie schätzen. Denken Sie an wichtige Anlässe. Gratulieren Sie ihnen zu ihren Erfolgen. Und lassen Sie sie vor allem wissen, dass Sie bei Bedarf immer für sie da sind.

Lektion 18

Ein Freund sieht die Fehler seiner Freunde, spricht aber nicht darüber.

Wahre Freundschaft gesteht Fehler zu, akzeptiert sie als Teil unserer Persönlichkeit und konzentriert sich auf die positiven Seiten, anstatt auf unseren Mängeln herumzureiten. So wie Sie nicht von Ihren Freunden kritisiert werden wollen, möchten Ihre Freunde ebenso wenig, dass Sie deren Fehler kommentieren. Wenn Ihre Freunde sowieso schon den Mut verloren haben oder enttäuscht sind, wird ihnen ein Wort der Ermutigung weit besser helfen als ein erhobener Zeigefinger.

Um ein Freund zu sein, den Sie selbst gerne hätten, sollten Sie gut zuhören, Ihren Rat anbieten, wenn man Sie darum bittet, und zudem das Vertrauen Ihrer Freunde schätzen. Loben Sie sie für ihre Erfolge und fühlen Sie mit ihnen, wenn sie scheitern, aber vermeiden Sie »konstruktive Kritik« und spielen Sie nicht des Teufels Advokat. Die meisten von uns erwarten von sich selbst mehr als jeder andere auf der Welt und sind sich der eigenen Mängel schmerzlich bewusst. Wir müssen nicht auch noch von unseren Freunden daran erinnert werden.

Lektion 19

Ein gutes Football-Team setzt eher auf Harmonie als auf Einzeltalente.

Teamwork bedeutet, »dass alle Mitglieder eines Teams kooperieren, um ein gemeinsames Ziel zu erreichen«. Der Schlüsselbegriff hier ist *kooperieren*. Ohne die Unterstützung der gesamten Gruppe hält sich kein Team lange. Footballspieler lernen schnell, dass kein Spieler in jedem Match der Star ist. Die meisten glorreichen Momente bauen auf einer langen Kette von Spielzügen auf, wobei jeder durch engagiertes, entschlossenes, knochenhartes Blocking und Tackling gewonnen wird.

In einem Siegerteam akzeptieren die Mitglieder, dass alle Spieler gewinnen, wenn einer von ihnen erfolgreich ist. Umgekehrt wird die Mannschaft garantiert verlieren, wenn eine Atmosphäre herrscht, in der die Spieler gegeneinander, anstatt gegen den Kontrahenten, wetteifern. Wenn alle in jeder Situation ihr Bestes geben – ob sie nun gerade den Ball haben oder einem Mitspieler den Weg freiräumen –, siegt die Mannschaft und damit auch jedes Mitglied.

Lektion 20

Wenn Sie jemanden um etwas bitten, hilft es Ihnen beiden, dass Sie ihm sagen, was es ist, und warum, wann, wo und wie er es tun sollte.

Uns alle beeinflussen unser Hintergrund und unsere Erfahrung. Anweisungen nehmen wir in diesem Kontext auf, je nach Bildung, Erfahrung, Tradition, Organisationskultur und einer Reihe weiterer Variablen. Gute Manager wissen das, und deshalb achten sie darauf, dass ihre Anweisungen klar und präzise und gut verständlich sind. Ihnen ist auch die Gratwanderung bekannt, einerseits angemessen genaue Anweisungen zu geben, aber andererseits dem Mitarbeiter nicht die Motivation zu rauben, indem man seinen Spielraum bei einer Aufgabe einschränkt.

Um die rechte Balance zwischen Anweisung und Motivation zu treffen, ermutigen Sie Mitarbeiter, sich an der Zielsetzung für sich selbst und das Team zu beteiligen. Helfen Sie ihnen, einen Plan für ihre Ziele aufzustellen, und erklären Sie jedem Einzelnen die Mission des Teams und welche Rolle er auf dem Weg zu ihrer Umsetzung einnimmt. Rufen Sie die einzelnen Teammitglieder regelmäßig zu sich, damit sie über ihre Fortschritte berichten. So machen Sie ihnen den Weg frei und sorgen für gute Stimmung, bis das Ziel erreicht ist.

Lektion 21

Beachten Sie, dass der Tonfall Ihrer Stimme oft viel genauer als Ihre Worte wiedergibt, was Sie denken.

In Konfliktsituationen kann ein Vorschlag oder ein Kompromiss eine Arbeitsbeziehung retten, die auf der Kippe steht. Sie können einen entmutigten Mitarbeiter durch ein paar sorgfältig gewählte Worte wieder motivieren. In solchen Situationen blickt ein guter Manager über die unmittelbare Situation hinaus und handelt mit Blick auf einen zukünftigen Nutzen. Wenn aber Ihre Stimme Zorn, Angst oder Verzweiflung verrät, wird man sich an diese Emotion erinnern, nicht an Ihre weisen Worte.

In jeder Organisation schaffen es die Leute an die Spitze, die ihre Emotionen kontrollieren können. Wenn Sie eine Führungsposition einnehmen, achtet man genau darauf, welche Signale Sie senden. Sie müssen lernen, sich selbst und Ihre Kommunikationsweise zu kontrollieren, wenn Sie andere inspirieren und zeigen wollen, dass Ihnen jedes Mitglied Ihres Teams wichtig ist.

Lektion 22

Im ganzen Universum herrscht Harmonie, ausser unter den Menschen.

Das Universum zeichnet sich durch Ordnung und Harmonie aus, nur wir Menschen müssen ständig in unseren Beziehungen um diese Werte kämpfen. Scheinbar ist es für Menschen unnatürlich, mit anderen zusammenzuarbeiten. Erfolgreiche Personen haben gelernt, gegen den Strom zu schwimmen und all das zu tun, was andere nicht tun wollen. Sie haben gelernt, in einer Gruppe zum Wohl aller mit anderen zusammenzuarbeiten.

Um eine Beziehung harmonisch zu gestalten – im Beruf oder im Privatleben –, heißt es, zu arbeiten. Trösten Sie sich damit, dass Sie durch Kooperation weit mehr erreichen, als wenn Sie gegen andere arbeiten.

Lektion 23

Sand im Getriebe kostet Geld. Reibungsverlust in menschlichen Beziehungen belastet sowohl den Geist als auch das Bankkonto.

Unstimmigkeiten in Beziehungen ziehen oft unerfreuliche finanzielle Folgen nach sich, aber die menschlichen Kosten sind weit höher. Wenn Sie in eine zerrüttete Beziehung verstrickt sind, verschwenden Sie unnötig physische und geistige Energie, die Sie ansonsten für positive Leistungen nutzen könnten. Stattdessen verpufft sie in aufreibenden, unproduktiven Tätigkeiten. Leider beeinträchtigt ein zwischenmenschlicher Reibungsverlust stets jede beteiligte Person.

In einer konfliktbeladenen Beziehung gibt es nur wenige akzeptable Alternativen. Sie können Ihre Probleme lösen oder das Team verlassen. Nur Sie allein wissen, was für Sie die beste Lösung ist, aber wenn Sie die Gründe, aus denen Sie sich dem Team angeschlossen haben, objektiv betrachten und folgern, dass die Basis noch immer stimmt, sollten Sie über Ihren Schatten springen und eine für alle akzeptable Lösung finden. Falls Ihnen das nicht gelingt, ist es vielleicht Zeit, sich zu trennen und einen anderen Kurs einzuschlagen, um Ihr Ziel zu erreichen.

Lektion 24

Wenn Sie den anderen schon nicht zustimmen können, beenden Sie zumindest die Streitereien.

Wenn Sie sich mit jemand im Streit befinden, könnte das die einzige Situation sein, in der abwarten besser ist, als etwas zu tun. Dafür gibt es einen praktischen Grund: Wenn Sie mit anderen streiten – auch wenn Sie am Ende recht bekommen – setzen Sie sich unnötig großem Stress aus. Sie können unmöglich positiv denken, wenn negative Emotionen wie Zorn oder Hass Ihre Gedanken beherrschen.

Niemand kann Sie aufregen oder wütend machen, solang Sie es nicht zulassen. Anstatt mit anderen zu streiten, versuchen Sie, nicht-aggressive Fragen zu stellen, wie: »Warum empfinden Sie das so? Was habe ich getan, was Sie so wütend macht?« Vielleicht stellen Sie fest, dass die Situation aus einem einfachen Missverständnis entstanden ist, das schnell richtiggestellt werden kann. Auch bei ernsteren Problemen wird Ihr positives Verhalten viel zu einer Lösung beitragen.

Lektion 25

Denken Sie daran:
zu einem Streit gehören immer zwei.

Mitten in einem heftigen Streit kann man nur schwer daran denken, dass zu einem Zwist immer zwei gehören. Vielleicht hilft Ihnen der Gedanke, dass niemand gegen Sie halten kann, mit dem Sie übereinstimmen. Das soll nicht heißen, dass Sie gegen Ihre Prinzipien einfach nachgeben sollten. Es ist jedoch möglich, einerseits seinen Überzeugungen treu zu bleiben und andererseits nach einem gemeinsamen Nenner zu suchen, durch den Sie produktiv mit anderen zusammenarbeiten, die zunächst vielleicht nicht Ihrer Meinung waren.

Wenn jemand Ihnen böse ist oder wütend wegen einer bestimmten Situation, zeigen Sie ihm, dass Sie verstehen, wie *er* empfindet. Betrachten Sie das Problem aus seiner Perspektive. Wo liegt die Quelle des Konflikts? Wie könnte er auf eine Weise gelöst werden, die alle Beteiligten zufriedenstellt? Wie haben Sie selbst zum Problem beigetragen? Wenn Sie nach Lösungen streben, anstatt den Schuldigen zu suchen, werden sich die anderen nahezu immer ähnlich verhalten.

Lektion 26

Gegenseitiges Vertrauen ist die Grundlage jeder guten Beziehung.

Die meisten von uns bringen zwei grundlegende Fragen in eine Beziehung mit: Kann ich dir vertrauen? Und: Bin ich dir wirklich wichtig? Je nachdem, wie erfolgreich Sie in den bisherigen Beziehungen waren – privat oder geschäftlich – können die Antworten einige Zeit in Anspruch nehmen. Vertrauen entsteht oft mit der Zeit, indem die Partner sich für den Erfolg und das Glück des anderen einsetzen.

Auch wenn Vertrauen die Voraussetzung jeder guten Beziehung ist, ist es zerbrechlich. Eine lange Zeit währende Beziehung kann durch ein paar unfreundliche Worte oder eine gedankenlose Tat irreparabel beschädigt werden. Lassen Sie nicht zu, dass Sie übereilt handeln oder in wichtigen Beziehungen die Kontrolle über Ihre Emotionen verlieren.

Lektion 27

Ein guter Fischer steckt Leckerbissen für die Fische auf seinen Angelhaken – ein sinnvoller Tipp, wenn Sie Beziehungen erfolgreich führen möchten.

Genau wie man im Gespräch mehr zuhören als reden sollte, empfiehlt es sich in Beziehungen, mehr an das Wohl anderer zu denken als an die eigenen Wünsche. Wenn Sie stets andere genauso behandeln, wie Sie es für sich selbst wünschen, werden sie ein beliebter Mensch, dem andere Respekt, Vertrauen und Loyalität entgegenbringen.

Wenn Sie Ihre Emotionen und Ihr Ego managen und immer auch die Bedürfnisse und Wünsche anderer berücksichtigen, werden Sie unvermeidlich Ihren »Angelhaken« mit Freundlichkeit und Rücksicht bestücken und sich mehr Freunde einfangen, als Sie zählen können.

Lektion 28

Wer zwischen anderen Freundschaft stiftet, hat immer genug Freunde.

Wenn Sie einen Freund haben, der auch die Freundschaft zwischen anderen fördern kann, können Sie sich glücklich schätzen. In unserer heutigen hektischen, mobilen Konsumgesellschaft sind solche Menschen extrem selten. Bei all den Anforderungen durch Beruf, Familie und Alltag haben die meisten von uns schon für sich selbst wenig Zeit, geschweige denn für Freunde. Und doch wissen wir, dass großzügig gewährte und dankbar angenommene Freundschaft eines der größten Geschenke des Lebens ist.

Lektion 29

Jeder dauerhafte Erfolg beruht auf harmonischen Beziehungen.

Die meisten von uns können »es nicht allein durchziehen«. Ob im Beruf, in Beziehungen oder generell im Leben: Wir alle brauchen andere, um das zu erreichen, was wir anstreben. Was hat man schon davon, wenn man alles hat, aber niemanden, der einem wichtig ist und mit dem man es teilt? Sie können sich entscheiden, mit anderen zusammenzuarbeiten, sie zu ignorieren oder gegen sie anzugehen, aber die größten Erfolge im Leben erreichen Menschen, die mit anderen harmonisch zusammenarbeiten. Wenn Ihre persönlichen Ziele mit denen eines anderen übereinstimmen, bringt das nicht nur den Vorteil der gebündelten Kräfte, sondern schafft auch einen Synergieeffekt, durch den Sie weit mehr erreichen als mit all Ihren Mühen als Einzelkämpfer.

Lektion 30

Wenn Sie sich schon in Beziehungen einmischen müssen, versuchen Sie, Frieden zu stiften. Sie werden feststellen, dass Sie dann nicht viel Konkurrenz haben.

Bei einem Konflikt zwischen anderen neigen die meisten von uns eher dazu, sich zurückzuziehen, als sich hineinziehen zu lassen. Wenn wir uns in den Streit hineinbegeben, nehmen wir meist die Position des einen gegen den anderen ein. So ein Verhalten wird den Streit kaum schlichten, es kann sogar das Problem verschärfen. Wenn Sie aber versuchen, die Situation zu lösen, sollten Sie nicht verwundern, dass Sie der Einzige sind.

Wir sind alle komplexe Wesen mit Gefühlen, die wir oft selbst nicht ganz verstehen. Manchmal reicht es zur Streitschlichtung, wenn sich ein Außenstehender einmischt. Achten Sie als Vermittler jedoch darauf, dass Sie sich nicht zwischen der Position des einen und der des anderen entscheiden müssen. Versuchen Sie, einen Kompromiss zu erzielen, der jedem der Beteiligten entgegenkommt.

Lektion 31

Wenn zwei oder mehr Menschen ihre Gedanken und Handlungen vollkommen harmonisch auf ein Ziel hin koordinieren, können sie unbegrenzte Kräfte mobilisieren.

Zu einer Master-Mind-Allianz gehören zwei oder mehr Menschen, die vollkommen harmonisch für ein gemeinsames Ziel zusammenarbeiten. Eine solche Partnerschaft erzeugt Superkräfte, durch die jedes Mitglied weit mehr zu leisten vermag als allein. Wählen Sie Ihre Master-Mind-Partner sorgfältig aus. Tun Sie sich mit Leuten zusammen, deren Stärken Ihre ergänzen. Wenn sie zum Beispiel ein Mensch sind, der eher die rechte Gehirnhälfte nutzt, könnte jemand, der eher auf Logik setzt – also verstärkt die linke Gehirnhälfte nutzt – ein perfekter Ausgleich für Ihre kreative Neigung sein. Suchen Sie sich vor allem Partner aus, die genau wie Sie positive Werte und ähnliche Erfolgspläne wie Sie verfolgen.

August
MISSERFOLGE UND NIEDERLAGEN

Lektion 1

Edison scheiterte 10 000 Mal, bis er die Glühbirne erfand. Machen Sie sich also keine Gedanken, wenn Sie einmal scheitern.

Amerikas wohl größter Erfinder, Thomas Edison, hatte eine außergewöhnlich positive Sicht auf das Leben, die seine Fähigkeiten maßgeblich voranbrachte. Wo andere entmutigt das Handtuch geworfen hätten, nach tausenden Fehlversuchen bei der Entwicklung eines elektrischen Leuchtkörpers, sah der große Edison in jedem missglückten Experiment nur die Eliminierung einer Lösung, die nicht funktionierte und ihn dennoch erfolgreich dem Ziel näherbrachte.

Wir alle können von Edison lernen. Es gibt viele Geschichten über Erfinder, die ihre Versuche zu früh aufgaben, oder über Goldsucher, die nur ein paar Fuß von der Stelle, wo ein anderer zu graben aufgehört hatte, auf Gold stießen. Nur wenige Hindernisse können nicht durch konstantes, konsequentes, intelligentes und positives Handeln überwunden werden. Wenn Sie den Mut verloren haben, weil sie mit etwas gescheitert sind, denken Sie an Edisons 10 000 vergebliche Versuche, bis er auf die Lösung kam, die die Welt für immer verändert hat.

Lektion 2

Ein durchschnittlicher Mensch hätte beim ersten gescheiterten Versuch aufgegeben. Deshalb gab es viele durchschnittliche Leute und nur einen Edison.

Thomas Edison hat einmal festgestellt, dass die meisten Menschen eine Chance deshalb nicht erkennen, weil sie oft einen Overall trägt und nach Arbeit aussieht. Er wusste, dass ein erstrebenswertes Ziel nie leicht daherkommt; wenn es einfach wäre, könnte es jeder erreichen. Weil er weit über den Punkt hinaus durchhielt, den ein Durchschnittsmensch für vernünftig und sinnvoll betrachtet, gelangen ihm Erfindungen, die selbst die gebildetsten Menschen damals für unmöglich hielten.

Große Fortschritte in der Wissenschaft erzielen oft Menschen, die mit einer fast schon fanatischen Hingabe nach einer Lösung für ein Problem suchen. Plötzliche Eingebungen allein reichen für Erfolge nicht aus, man muss auch entschlossen und beständig handeln.

Lektion 3

Sich ohne Ziel oder Sinn treiben zu lassen, ist der häufigste Grund für Misserfolg.

Ohne Lebensplan ist es leichter, den Weg des geringsten Widerstands zu gehen und mit dem Strom zu schwimmen, ohne ein bestimmtes Ziel vor Augen zu haben. Ein klar definierter Lebensplan vereinfacht den Prozess der zahlreichen täglichen Entscheidungen enorm, die sich auf Ihren Erfolg auswirken. Wenn Sie wissen, wo Sie hinwollen, erkennen Sie schnell, was Sie näher an Ihr Ziel bringt, und was Sie davon entfernt. Ohne konkrete Ziele und einen Plan, um sie zu erreichen, trifft man jede Entscheidung in einem Vakuum. Ein klar definiertes Ziel liefert den Kontext dafür und ermöglicht Ihnen, Ihren Gesamtplan auf einzelne Handlungen herunterzubrechen.

Lektion 4

Kinder, denen man es im Leben leicht macht, haben es als Erwachsene meist schwer.

Del Smith, Millionär und Gründer sowie Chairman von Evergreen International Aviation, hat oft gesagt: »Gott sei Dank wurde ich arm geboren. Ich habe gelernt zu arbeiten.« Wie viele andere, die es aus eigener Kraft ganz nach oben geschafft haben, war Smith überzeugt, dass es das größte Geschenk für ein Kind sei, es den Wert der Arbeit zu lehren. Dieses Geschenk kann nie verloren gehen oder gestohlen werden. Es ist der natürliche Wunsch der Eltern, ihren Kindern die materiellen Güter zu geben, die sie als Kinder entbehrten. Solche Großzügigkeit enthält den Nachkommen jedoch das größte potenzielle Geschenk vor: das Vertrauen in die eigenen Fähigkeiten. Wenn man es den Kindern im Leben »schwer« macht, indem man sie den Wert der Arbeit lehrt, werden sie als Erwachsene viel eher Erfolg haben.

Lektion 5

Die meisten Menschen nehmen es nicht übel, wenn man sie auf ihre Fehler hinweist, solange der Kritiker grosszügig auch ein paar ihrer Tugenden erwähnt.

Es ist normal, bei Kritik sich selbst und das eigene Verhalten zu verteidigen – sogar wenn man insgeheim weiß, dass etwas daran ist. Erfolgreiche Menschen können ihre Emotionen ausklammern und von anderen lernen, auch wenn die Botschaft unangenehm ist. Wenn jemand Sie beurteilt, sagen Sie sich, dass Kritik an einem bestimmten Aspekt Ihrer Leistung kein Angriff auf Ihre Person ist. Kontrollieren Sie Ihre emotionale Reaktion und nehmen Sie nützliche Ideen an, auch wenn Ihnen die Art der Mitteilung missfällt.

Lektion 6

Erfolg braucht keine Erklärung; Misserfolg muss mit Alibis kaschiert werden.

Der sicherste Weg, in einer Organisation oder einer Branche akzeptiert zu werden, ist, erfolgreich zu sein. Leider ist es im Leben nicht immer so. Egal wie viele Gedanken Sie sich zu einem Thema machen oder wie rational Sie eine Entscheidung treffen, egal wie gut Sie vorbereitet sind, Sie werden immer wieder Fehler machen. Das ist menschlich. Machen Sie sich vor allem klar, dass vorübergehende Rückschläge keinen dauerhaften Misserfolg bedeuten. Erfolgreiche Menschen erkennen an, dass wir alle vorübergehende Rückschläge erleiden, die uns unsere Leistung neu bewerten und Fehler korrigieren lassen, um Erfolg zu haben. Sie wissen, dass widrige Umstände niemals für immer sind.

Lektion 7

Zwischen Misserfolg und vorübergehender Niederlage liegen Welten.

So etwas wie Misserfolg gibt es eigentlich gar nicht, außer man akzeptiert ihn als solchen. Jede Niederlage ist vorübergehend, es sein denn, Sie geben auf und erlauben ihr, dauerhaft zu werden. Ein vorübergehendes Scheitern macht uns oft sogar stärker und kompetenter. Jedes Mal, wenn wir etwas versuchen und scheitern, lernen wir etwas, das uns auf dem Weg zum Erfolg weiterbringt.

Nur in der Schule gibt es eine einzige richtige Lösung für jedes Problem. Wenn Sie etwas versuchen und es funktioniert nicht, probieren Sie etwas anderes. Wenn Sie widrige Umstände als reine Lernerfahrung sehen, werden Sie weit mehr Erfolge als Misserfolge haben.

Lektion 8

Ihr wahrer Mut zeigt sich am besten in schweren Zeiten.

Manche Rückschläge sind so schwer, dass man das ganze Spiel verliert, wenn man ihnen nachgibt. Als General Matthew Ridgeway das Kommando im Koreakrieg innehatte, wurden seine Truppen weit nach Süden abgedrängt. Nur der feste Entschluss, die Linien zu halten, bewahrte die amerikanischen Streitkräfte davor, ins Meer gefegt zu werden, und ließ sie am Ende das gesamte verlorene Gebiet zurückerobern.

Bei einer Niederlage bleibt Ihnen vielleicht keine Zeit, sich zurückzuziehen und Ihren Fehler zu betrachten, ohne weitere Rückschläge zu riskieren. Erstarren Sie nicht. In diesem Moment ist es wichtig, zu wissen, was Sie wirklich wollen, und Ihre Ressourcen und Ihre Hoffnung zu behalten. Wenn Sie sich völlig geschlagen geben, ist dies ein schwer zu reparierender Schlag für Ihre Selbstachtung.

Halten Sie sich stattdessen weiter an Ihre Prinzipien, damit Sie am Ende feststellen, dass Sie damit das für sich Wichtigste geschützt haben.

Lektion 9

Ein Neuanfang ist immer möglich.

Auch wenn es bei einem schweren Schlag nicht so scheint, Ihre wertvollsten Schätze können Sie niemals verlieren: die Kraft Ihres Geistes und die Freiheit, sie einzusetzen. Sofern Ihnen klar ist, was Sie ins Straucheln gebracht hat, können Sie neue Pläne schmieden. Vielleicht haben Sie jetzt nicht mehr so viel Geld wie zuvor oder es fehlen Ihnen frühere Verbindungen. Aber Sie können immer noch davon profitieren, dass das Universum ehrliche Leistung am Ende belohnt, und aus Fehlern lernen, die Sie nie wieder machen werden.

Denken Sie daran: Egal wie Ihre Situation jetzt aussieht – Sie können Ihre Ideen und das, woran Sie glauben, realisieren.

Lektion 10

Die meisten Misserfolge hätten zu Erfolgen werden können, wenn der Betreffende etwas länger durchgehalten oder sich mehr bemüht hätte.

Wenn Sie das Potenzial zum Erfolg in sich tragen, werden vorübergehende Niederlagen Sie nur auf große Erfolge vorbereiten. Ohne Widerstände würden Sie niemals die Zuverlässigkeit, Loyalität, Bescheidenheit und das Durchhaltevermögen entwickeln, die wesentlich sind, um erfolgreich zu sein. Viele Menschen sind den Klauen der Niederlage entkommen und haben großartige Siege eingefahren, weil sie sich ein Scheitern nicht erlaubten. Wenn Ihre Ausweichstrecken alle versperrt sind, werden Sie erstaunt sein, wie schnell Sie den Weg zum Erfolg finden.

Lektion 11

Erfolg zieht Erfolg an, und Misserfolg zieht Misserfolg an. Das ist das Gesetz der harmonischen Anziehung.

In der Physik zieht Positiv Negativ an und umgekehrt, aber in zwischenmenschlichen Beziehungen trifft genau das Gegenteil zu. Negative Menschen ziehen negative Menschen an, während positive Denker wiederum ähnlich denkende Personen anziehen. Sie werden feststellen, dass sich mit Ihren ersten Erfolgen weitere Erfolge einstellen werden. Darin besteht das Gesetz der harmonischen Anziehung. Wenn Ihr Wohlstand sich entwickelt, werden Sie staunen, wie schnell er sich anhäuft.

Lernen Sie zu visualisieren, wie Sie zu einem Maß an Reichtum kommen oder ein Ziel erreichen – egal was Sie sich am meisten wünschen. Nutzen Sie die Autosuggestion, um Ihr Unterbewusstsein zu überzeugen, dass Sie Ihr Ziel erreichen können, und setzen sie Ihren Plan aktiv um. Wenn Sie die Ihnen verfügbaren Werkzeuge einsetzen, um sich auf Erfolg zu trimmen und zu visualisieren, wie Sie Ihr Ziel bereits erreicht haben, können Sie alles in einem vernünftigen Rahmen erreichen.

Lektion 12

Wer versucht, etwas umsonst zu bekommen, erhält am Ende gar nichts für wenig.

Wer glaubt, er könne im Leben durchkommen, ohne den erhaltenen Wert zurückzugeben, wird am Ende härter arbeiten müssen denn je, um andere zu täuschen und nur wenig dafür zu bekommen. Das Leben gleicht sich stets auf seltsame Weise aus. Auf lange Sicht werden Sie in dem Maße empfangen, in dem Sie geben. Nutzen Sie Ihre Zeit für produktive, positive Leistung; seien Sie großzügig mit Ihrer Zeit und Ihren Talenten, dann werden Sie sich von der Masse abheben, die stets etwas für nichts bekommen will.

Lektion 13

Menschen, die um Geld spielen, sind potenzielle Betrüger, weil sie meinen, etwas umsonst bekommen zu können.

Wer seine Finanzen den Launen des Glücks überlässt, eignet sich kaum als Geschäftspartner. Solche Menschen machen häufig Abstriche in puncto Qualität, arrangieren sich mit unsicheren Arbeitsbedingungen und halten generell ihre Versprechen nicht ein. Es ist unmöglich, über einen längeren Zeitraum etwas umsonst zu bekommen. Das Gesetz der Kompensation fordert unerbittlich ein, dass man nur das erhält, was man verdient. Vielleicht meinen Sie manchmal, Ihnen stünde etwas Besseres zu – und das mag tatsächlich so sein. Doch letztendlich wird Ihr Lohn Ihren Leistungen entsprechen.

Lektion 14

Ist es nicht seltsam, dass manche Menschen überaus clevere Ausreden erfinden können, aber in ihrem Job, der solche Ausreden eigentlich überflüssig machen sollte, so wenig leisten?

Wenn so manche Leute ihren Job mit halb so viel Mühe und Kreativität erledigen würden, wie sie mit sinnlosen Täuschungsversuchen vergeuden, könnten sie in jedem Bereich große Erfolge erzielen. Manchmal scheint es verlockend, andere nachzuahmen, die scheinbar ohne harte Arbeit klarkommen, aber wer die Firma betrügt, indem er nicht seiner Vergütung entsprechend arbeitet, wird am Ende einen hohen Preis zahlen. Er wird mit dem Verlust seines wertvollsten Besitzes zahlen: seinem guten Ruf. Ein guter Ruf von Ehrlichkeit und Integrität bestimmt darüber, ob Ihnen eine vielversprechende Karriere oder lebenslanger Misserfolg bevorsteht.

Lektion 15

Die Fehler der anderen sind eine schwache Entschuldigung für Ihre eigenen Fehler.

Ralph Waldo Emerson sagte: »In der Welt ist es einfach, fremden Meinungen zu folgen; in der Einsamkeit fällt es leicht, sich nach der eigenen Meinung zu richten, aber ein großer Mensch bleibt inmitten der Menge ganz gelassen so unabhängig, wie er es sich in der Einsamkeit angeeignet hat.« Wenn man zu einer Gruppe gehört, »läuft man oft einfach mit, um zurechtzukommen«, doch wenn Sie sich – unabhängig von anderen – Ihre eigenen hohen Ansprüche in puncto Integrität bewahren können, sind Sie für wahre Größe bestimmt.

Wenn Sie einem wohl überlegten Verhaltenskodex folgen, werden Sie niemals jemanden fragen müssen, wie Sie sich verhalten sollen, sondern es intuitiv wissen.

Lektion 16

Misserfolg ist keine Schande, wenn Sie aufrichtig Ihr Bestes gegeben haben.

Wir leben in einer Welt des Wettbewerbs, die Erfolg misst, indem sie Menschen in Gewinner und Verlierer einteilt, und in der gilt, dass jeder Sieg einen Verlust im selben Ausmaß nach sich zieht. Wenn einer gewinnt, scheint es logisch, dass ein anderer verlieren muss. In Wahrheit zählt aber nur der Wettbewerb mit sich selbst. Wenn Sie der Beste sein wollen, werden Sie nie verlieren, sondern sich nur immer weiter verbessern.

Gewöhnen Sie sich an, Ihre Leistungen von Zeit zu Zeit objektiv zu beurteilen. Wenn Sie etwas nicht erreichen, betrachten Sie die Situation und fragen Sie sich: »Hätte ich irgendetwas tun können, was das Ergebnis geändert hätte?« Wenn die Antwort »Nein« lautet und Sie zufrieden sind, weil Sie Ihr Bestes gegeben haben, verschwenden Sie keine Zeit, über Vergangenes nachzugrübeln. Lernen Sie einfach so weit aus der Erfahrung, wie Sie können, und dann machen Sie weiter. Wenn sie konsequent Ihr Bestes geben, werden sich Ihre vorübergehenden Misserfolge von selbst erledigen.

Lektion 17

Wenn Sie kein grosses Ziel verfolgen, trudeln Sie auf den Misserfolg zu.

Kein großes Lebensziel zu verfolgen, ist wie Navigieren ohne Seekarte. Sie kommen am Ende vielleicht an einen ganz schönen Ort oder Sie treiben ziellos dahin und hoffen, Ihren Wunschort zu finden, aber schaffen es nicht. In dem Maße, wie sich Ihre Persönlichkeit entwickelt, wächst auch Ihr großes Ziel mit Ihnen. Natürlich werden Sie, sobald Sie den Gipfel eines Bergs erreicht haben, nach höheren Gipfeln für sich Ausschau halten. Man bewegt sich im Leben entweder voran oder zurück. Wenn Sie Ihren Kurs sorgfältig und wohl überlegt bestimmen, können Sie sicher sein, in die richtige Richtung zu marschieren.

Lektion 18

Wenn Sie Ihr Leben nicht vergeuden wollen, geben Sie sich nicht mit Leuten ab, die ihres vergeudet haben.

In zwischenmenschlichen Beziehungen ist es praktisch unmöglich, negativ denkende Menschen langfristig positiv zu beeinflussen. Es funktioniert eher umgekehrt. Sie können keine positive, produktive Haltung aufrechterhalten, wenn Sie stets mit negativen Menschen zusammen sind. Wer sein eigenes Leben vergeudet hat (und dann meist andere dafür verantwortlich macht), wird Ihnen nicht bei Ihrem Erfolg helfen. Suchen Sie sich Ihre Freunde und Partner sorgfältig aus und beklagen Sie sich nicht über Ihren Job, Ihre Firma oder irgendjemanden. Verbringen Sie Ihre Zeit mit positiven, ehrgeizigen Menschen, die einen Lebensplan verfolgen. Sie werden feststellen, dass ihr Optimismus ansteckend ist.

Lektion 19

Menschliche Fehler sind wie Unkraut. Sie wachsen weiter, wenn man nichts anderes anbaut, und überwuchern bald den ganzen Garten, wenn man sie nicht jätet.

Gewohnheiten bilden sich so langsam heraus, dass die meisten von uns nicht merken, wie sie immer stärker werden, bis man sie schließlich nicht mehr ändern kann. Es ist schwer, ein Verhaltensmuster auszulöschen, ohne es durch ein anderes zu ersetzen. Man sagt, dass die Natur jedes Vakuum hasst, und stets einen Weg findet, eine Leerstelle zu füllen. Um das »Unkraut« auszudünnen oder Charakterfehler auszumerzen, empfiehlt es sich, die störenden Merkmale zu benennen und durch positive zu ersetzen. Wenn Sie zum Beispiel schnell die Beherrschung verlieren, suchen Sie einen Ersatz für Ihren Zorn. Neutralisieren Sie ihn mit einem positiven Ausdruck oder einer positiven Affirmation wie: Niemand kann mich zornig machen, solang ich es nicht erlaube. Ich lasse nicht zu, dass irgendjemand meine Emotionen kontrolliert.

Lektion 20

Denken Sie daran, dass die Fehler der Menschheit ziemlich gleichmässig unter uns verteilt sind.

Warum übersehen wir so leicht bei uns selbst die Fehler, die wir so schnell bei anderen entdecken? Es ist leicht, objektiv zu sein, wenn wir unsere Freunde, Familienmitglieder oder Geschäftspartner kritisieren, aber es ist weit schwieriger, bei den eigenen Schwächen ehrlich zu sein. Erst wenn wir erkennen, dass wir alle Menschen sind, mit denselben Fehlern und Schwächen, fangen wir an, diese wunderbare Eigenschaft zu entwickeln: Toleranz. Toleranz befähigt uns dazu, andere so zu akzeptieren, wie sie sind, und nichts dafür zu fordern. Es ist nicht leicht, nicht mehr nach Fehlern, sondern nach guten Eigenschaften zu suchen. Aber als ein Mensch, der in allem Gutes sieht, anstatt zu kritisieren, werden viele Sie zum Freund haben wollen.

Lektion 21

Selbstmitleid ist eine Droge.

Drogen sind heimtückisch, weil der menschliche Körper eine Toleranz für sie entwickelt und immer größere Dosen braucht, um denselben Effekt zu erzielen. Das gilt auch für Selbstmitleid. Je mehr Sie ihm nachgeben, desto mehr brauchen Sie davon. Bald schon wird es zu einer Gewohnheit, die Sie derart schwächt, dass es Ihnen Ihr gesamtes Potenzial raubt.

Zum Glück gibt es ein Heilmittel. Wenn Sie die Situation analysieren, werden Sie oft feststellen, dass Sie sich die Gründe für Ihr Selbstmitleid größtenteils selbst geschaffen haben. Daher kann die Person das Problem am besten lösen, die es geschaffen hat: Sie selbst.

Lektion 22

Der weise Mensch achtet mehr auf seine Fehler als auf seine Tugenden; der Narr macht es umgekehrt.

Wir tragen alle das Potenzial für Größe und für Misserfolg in uns. Beides ist uns angeboren. Ob wir nach den Sternen greifen oder in die Tiefen der Verzweiflung abtauchen, hängt vor allem davon ab, wie wir unser positives und negatives Potenzial managen. Es ist eher unwahrscheinlich, dass Ihre Tugenden aus dem Ruder laufen, wenn Sie sie nicht kontrollieren. Leider gilt das aber durchaus für Ihre Fehler. Unbeobachtet vermehren sich Fehler, bis sie am Ende Ihre guten Eigenschaften verdrängen. Der sicherste Weg, Ihre Fehler zu kontrollieren, ist, sie im Keim zu ersticken.

Lektion 23

Misserfolg ist ein Segen, wenn er uns aus dem bequemen Sessel der Selbstzufriedenheit kickt und uns zwingt, etwas Nützliches zu tun.

Wenn Sie Ihr Leben und das der Erfolgreichen betrachten, die Sie bewundern, wird Ihnen schnell klar, dass Ihre größten Chancen oft in schwierigen Zeiten auftauchten. Nur angesichts des Scheiterns ändern wir uns radikal und gehen erfolgversprechende Risiken ein.

Bei einem vorübergehenden Misserfolg, den Sie als solchen erkennen, können Sie die Chancen nutzen, die schwierige Zeiten immer mit sich bringen.

Lektion 24

Durch Misserfolg scheint uns die Natur auf grosse Verantwortung vorbereiten zu wollen.

Wenn wir alles, was wir im Leben versuchen, fast mühelos schaffen und exakt unsere Ziele erreichen würden, würden wir äußerst wenig lernen – und das Leben wäre äußerst langweilig! Wie arrogant wären wir, wenn uns alles gelänge. Durch Misserfolg entwickeln wir die wichtige Eigenschaft der Demut. Es ist nicht leicht, ein persönliches Scheitern philosophisch zu nehmen, sich heiter und gelassen bewusst zu sein, dass dies eine der großartigen Lernerfahrungen im Leben ist. Die Wege der Natur sind nicht immer leicht zu verstehen, wiederholen sich jedoch und sind dadurch vorhersehbar. Wenn Sie meinen, das Ausmaß Ihrer Prüfungen sei unfair, können Sie davon ausgehen, somit auf große Erfolge vorbereitet zu werden.

Lektion 25

Ihr Misserfolg könnte sich als Schatz herausstellen, vorausgesetzt, Sie wissen, warum Sie gescheitert sind.

Die meisten von uns gelangen nur selten in unserer kurzen Zeit auf Erden zu großen Einsichten, zu großartigen Momenten der Wahrheit, die den Kurs unseres Lebens für immer verändern. Die meisten dieser Erfahrungen machen wir aufgrund von spektakulären Fehlern, nicht durch herausragende Erfolge. Die niederschmetternden Misserfolge lehren uns langfristig wirkende Lektionen. Wenn Sie einmal Ihre Stunde der Wahrheit erleben, ziehen Sie daraus Ihre nützlichen Lehren und lassen Sie die ganze Geschichte dann hinter sich. Lernen Sie aus Ihren Misserfolgen, doch dann vergessen Sie sie, ziehen weiter und wenden sich besseren Möglichkeiten zu.

Lektion 26

Wenn Sie nicht wissen, warum Sie gescheitert sind, sind Sie nicht klüger als am Anfang.

Einem alten Sprichwort zufolge sind Menschen, die sich weigern, aus der Geschichte zu lernen, dazu verdammt, sie zu wiederholen. Ebenso ist es mit unseren Misserfolgen. Wenn wir nicht aus unseren Fehlern lernen, werden wir sie wahrscheinlich immer wieder begehen, bis wir aus der Erfahrung gelernt haben und unseren Kurs korrigieren – oder aufgeben und die vorübergehende Niederlage als Dauerzustand akzeptieren. Jeder erlittene Rückschlag birgt wertvolle Informationen, die Sie bei genauer Überlegung am Ende zum Erfolg führen werden.

Ohne Widerstände würden Sie niemals Weisheit entwickeln, und ohne Weisheit wäre ein Erfolg nur von kurzer Dauer. Wenn Sie einen Fehler machen, sagen Sie: »Das ist gut! Ich habe das aus dem Weg geräumt. Ich werde es nie mehr wieder tun.« Sie werden ohne Zweifel noch weitere Fehler begehen, die Sie, als Lektion betrachtet, jedoch weitaus weniger stören.

Lektion 27

Bevor das Schicksal Sie mit grossem Erfolg krönt, stellt es meist durch Missgeschick Ihre Einsatzbereitschaft auf die Probe.

Missgeschick bietet Ihnen den nötigen Widerstand, um die Kraft zur Überwindung großer Hindernisse zu entwickeln. Diese Kraft besteht aus Selbstvertrauen, Durchhaltevermögen und vor allem Selbsterkenntnis. Ein Rückschlag weist Sie auf eine persönliche Schwäche hin. Sie haben vielleicht einen Wettbewerber voreilig beurteilt oder waren zu zaghaft mit Ihren Plänen. Nutzen Sie das Missgeschick, um einen falschen Schritt zu ergründen und zu erkennen, welche Eigenschaften Sie ausbauen müssen. Niemand wird gerne enttäuscht, aber wenn Sie Ihren Erfolg stets im Blick haben, können sie die Situation in eine Chance verwandeln, um Ihren Charakter zu verbessern, eine Chance, die Sie andernfalls verpasst hätten.

Lektion 28

Bei einem Missgeschick zahlt es sich aus, dankbar zu sein, dass es nicht schlimmer war, anstatt sich über Ihr Unglück zu grämen.

Weniges im Leben ist so schlimm, wie es zunächst scheint. Mit einem Missgeschick gehen Sie am besten um, indem Sie die Situation analysieren und so akzeptieren, wie sie ist. Wenn Sie sich klarmachen, dass die Dinge nicht annähernd so schlimm sind, wie sie es hätten sein können, haben Sie schon den ersten Schritt in Richtung Lösung des Problems unternommen. Es heißt, man habe nie schwerer zu tragen, als man auszuhalten vermag, aber manchmal lässt sich ein Unglück besser akzeptieren, wenn man ehrenamtlich Menschen hilft, denen es schlechter als einem selbst geht.

Lektion 29

Sie wissen nicht, wer Ihre echten Freunde sind, bis Ihnen ein Missgeschick zustösst und Sie Hilfe brauchen.

Es heißt, einen Gewinner mag jeder, aber wenn es Ihnen schlecht geht, kennt Sie keiner mehr. Oft wird der Nebeneffekt des Missgeschicks unterschätzt, dass man so seine wahren Freunde erkennt. Die meisten von uns haben viele Bekannte und Geschäftskontakte, aber echte Freunde sind ein großes Glück. Sie werden Ihre echten Freunde schnell erkennen, wenn Sie sie um Hilfe bitten. Ein weiser Mensch, der um Hilfe gebeten wird, weiß, dass es ihm eines Tages auch so ergehen könnte.

Lektion 30

Tadeln Sie nicht unartige Kinder, sondern die Leute, die Ihnen keine Disziplin beigebracht haben.

Ralph Waldo Emerson stellte einmal fest: »Im Leben brauchen wir vor allem einen Menschen, der uns zwingt, das uns Mögliche zu tun.« Auch wenn Kinder es sicher nicht im betreffenden Moment erkennen, sehnen sie sich nach Disziplin, besonders in der Schulzeit. Disziplin definiert Grenzen für sie, bietet ihnen Sicherheit und verleiht der Liebe der Eltern aktiv Ausdruck. Darüber hinaus bereitet sie auf die Herausforderungen des Erwachsenenlebens vor.

Wenn Ihre Kindheit alles andere als perfekt war, befinden Sie sich in guter Gesellschaft. Die meisten von uns haben das eine oder andere Mal Schwierigkeiten gehabt, und wir machen alle von Zeit zu Zeit Fehler. Die gute Nachricht ist: Auch wenn das Umfeld Ihrer Kindheit einen starken Einfluss auf Ihre weitere Entwicklung ausübt, ist es nicht der einzige bestimmende Faktor. Sie allein entscheiden, was für ein Mensch Sie sein wollen. Nur Sie definieren, wer oder was Sie im Leben werden.

Lektion 31

Wenn das Leben Ihnen eine Zitrone gibt, beklagen Sie sich nicht, sondern machen Sie Limonade daraus und verkaufen Sie sie denjenigen, die vom vielen jammern durstig geworden sind.

Wally Amos, allseits bekannt als der Begründer des Gourmetsegments der Gebäckindustrie, machte so oft in seinem Leben aus Zitronen Limonade, dass er auf seinem offiziellen Porträt in der einen Hand einen Krug hält und in der anderen ein Glas Limonade. Als unermüdlicher Optimist weigerte sich Amos, Hindernisse als etwas anderes zu sehen denn als Trittsteine zum Erfolg. In seiner einige Jahrzehnte währenden Laufbahn wurde er mehrfach zum Inbegriff des Erfolgs, nur um alles wieder zu verlieren, und musste dann wieder ganz von vorne beginnen. Aber er verlor nie seinen Glauben. »Man muss das Vertrauen und den Glauben haben, loszulassen und sich nicht dem Schmerz hinzugeben«, sagte er. »Verschwenden Sie nicht Ihre Zeit mit Sorgen. Sorgen sind keine Vorbereitung. Analysieren Sie die Situation und fokussieren Sie sich auf Lösungen. Es gibt immer eine Antwort.«

September

MEHR ALS VERLANGT TUN

Lektion 1

Ein Friedensstifter fährt immer besser als ein Anstifter.

In unserer heutigen Gesellschaft, in der »alles verhandelbar ist«, wollen uns ständig Botschaften weismachen, wir bekämen, was wir verlangen, nicht was wir verdienen. Vielleicht gewinnen Sie vorübergehend etwas, indem Sie von anderen mehr fordern, als Ihnen zusteht, aber das ist nicht von langer Dauer. »Quietschende Räder« erhalten zwar zunächst die meiste Aufmerksamkeit, aber der weise Wagenführer tauscht sie irgendwann aus. Probleme und Streit zu säen, ist leicht, aber es ist äußerst schwierig, andere im Geist der Zusammenarbeit und Harmonie zu führen. Was glauben Sie, welcher Menschentyp wertvoller für eine Organisation ist? Der größte Lohn im Leben – finanziell oder menschlich – fließt immer den Friedensstiftern in der Welt zu.

Lektion 2

Denken Sie daran: jedes Mal, wenn Sie mehr leisten, als verlangt wird, ist Ihnen jemand zu Dank verpflichtet.

Wenn Sie jemandem Gutes oder Schlechtes tun, fühlt sich der andere stets gezwungen, entsprechend darauf zu reagieren. Als freundlicher, anständiger Mensch können Sie erwarten, ebenso gut behandelt zu werden. Wenn Sie andere ausnutzen, ohne ihnen etwas zurück geben, werden die anderen wenig für Sie übrig haben. Menschen arbeiten gerne für und mit positiven, rücksichtsvollen Zeitgenossen zusammen. Gewöhnen Sie sich jetzt an, immer etwas mehr zu leisten, als verlangt wird.

Lektion 3

Das Ende des Regenbogens erreicht man erst am Ende der zweiten Meile.

Jesus ermahnt die Gläubigen in Matthäus 5,41: »Wenn jemand von euch verlangt, eine Meile weit mit ihm zu gehen, dann geht zwei Meilen mit ihm.« Die Ermahnung bezieht sich darauf, dass römische Offiziere andere zwingen konnten, ihr Gepäck eine Meile weit zu tragen. Dieses Prinzip fordert ein, aus Bösem etwas Gutes zu machen – ähnlich wie die Weisung, die andere Wange hinzuhalten. Doch Sie können aus etwas Gutem noch mehr Gutes machen, indem Sie mehr geben als das, worum man Sie bittet. Wenn Sie aus Überzeugung mehr als verlangt tun, und dies als das einzig akzeptable Verhalten gegenüber anderen betrachten, wenn Sie Ihrem Nächsten wirklich helfen wollen, wird es sich für Sie sowohl finanziell als auch menschlich auszahlen.

Lektion 4

Nur wer stets auch die zweite Meile geht, gelangt irgendwann zum Ende des Regenbogens.

Die meisten von uns scheitern im Leben häufig, bevor sich schließlich der ersehnte Erfolg einstellt. Machen Sie sich darauf gefasst, dass Sie mehrfach die zweite Meile gehen und dennoch nur Katzengold am Ende Ihres Regenbogens finden werden. Aber wenn Sie aufgeben, werden Sie die Reichtümer verpassen, die auf Sie warten. Der oberflächliche Entschluss, mehr als verlangt zu tun, weil Sie eine Gegenleistung erwarten, bringt Sie auf Dauer nirgendwo hin. Große Erfolge erzielt, wer stets entschieden und ohne Wenn und Aber das Richtige tut. Und diese Entschlossenheit wird Sie letztlich zum Goldschatz am Ende Ihres Regenbogens führen.

Lektion 5

Jedes Mal, wenn Sie jemanden zu besseren Leistungen motivieren, fördern Sie ihn und steigern zudem Ihr Selbstwertgefühl.

Jemand hat gesagt, niemand könne einen anderen wirklich motivieren; wir können uns nur selbst motivieren und hoffen, dass der Funke überspringt. Wahrscheinlich werden Sie nie erfahren, wie stark Sie andere mit Ihrem Verhalten beeinflussen. Wenn Sie stets mehr als verlangt tun, werden Sie Ihre Freunde, Bekannten, Familie, Mitarbeiter und sogar Ihre Vorgesetzten insofern beeinflussen, als diese sich mehr anstrengen als zuvor.

Ihr Selbstwertgefühl und Ihr Wert in den Augen anderer hängt stark davon ab, inwiefern Sie in der Lage sind, andere glücklicher und produktiver zu machen. Für Menschen, die anderen zu großen Erfolgen verhelfen, ist die Vergütungsgrenze nach oben offen, und ihrem Aufstieg sind keine Schranken gesetzt. Solche Leute sind einfach wertvoll.

Lektion 6

Nicht alle Menschen mögen Sie, aber Sie können ihnen jeden vernünftigen Grund nehmen, Sie nicht zu mögen.

Selbst die beliebtesten Menschen haben Gegner. Da wir alle unterschiedlich sind, mit mannigfaltigen Interessen und Persönlichkeiten, ist es einfach unmöglich, von jedem Bekannten gemocht zu werden. Wenn Sie nach der Gunst eines jeden Menschen streben, werden Sie bitter enttäuscht. Aber wenn Sie andere stets freundlich und rücksichtsvoll behandeln, werden sie Sie vielleicht nicht lieben, aber Sie *nicht* zu mögen, wird ihnen unmöglich sein.

Sie festigen ihre Beziehungen, indem Sie auf gute Charaktereigenschaften achten, zuverlässig, ehrlich und geradeheraus sind und ethisch handeln. Aufgrund eines solchen Verhaltenskodex werden Leute, die Ihre Werte nicht teilen, vielleicht nicht Ihre Nähe suchen, aber sie werden Sie respektieren. Letztendlich wird Ihnen Ihre Selbstachtung weit mehr bedeuten, als nur beliebt zu sein.

Lektion 7

Lernen Sie, mit anderen entspannt zu verhandeln.

Profis verhandeln so sanft, dass es kaum wie eine Verhandlung wirkt. Der Begriff *Verhandlung* beschwört das Bild von Gegnern herauf, die mit der Zigarre im Mundwinkel die Faust auf den Tisch knallen, um ihre Forderungen zu unterstützen. Doch die besten Ergebnisse zeigen sich, wenn jede Partei sich in die Lage der anderen versetzen kann und man dann zu einer für alle sinnvollen Einigung kommt.

Ob Sie ein höheres Gehalt, einen neuen Job oder die Akquise eines Unternehmens aushandeln wollen: Ihre Erfolgschancen sind weit höher, wenn Sie an die Situation positiv und mit einem klaren Ziel vor Augen herangehen. Es hilft auch, die Motive anderer Beteiligter zu verstehen und ein vertieftes Wissen zum Thema der Verhandlung mitzubringen. Gehen Sie an jeden Punkt offen heran. Versuchen Sie nicht, andere einfach solange zu bedrängen, bis sie Ihren Vorschlag oder Ihren Standpunkt akzeptieren.

Lektion 8

Auch wenn ein Stier gute Eigenschaften hat, werden Sie diese mithilfe eines roten Tuchs vor der Schnauze niemals herauslocken.

Es ist einfach, jemanden zu provozieren – sofern Ihnen egal ist, wie der andere reagiert. Wenn Sie jemanden zu einer positiven Reaktion bewegen wollen, gehen Sie mit gutem Beispiel voran und überreden Sie ihn auf die sanfte Tour, nicht indem Sie provozieren. In der Zusammenarbeit mit anderen konzentrieren Sie sich am besten auf deren positive Eigenschaften, nicht auf das, was sie nicht mögen oder fürchten. Wenn Sie sich die Zeit nehmen, Ihre Geschäftspartner kennenzulernen, etwas über ihre Hoffnungen, Träume und Sehnsüchte zu erfahren, können Sie herausfinden, was sie motiviert. Dann können Sie ihnen zeigen, wie sie ihre Ziele mit Ihren in Einklang bringen können und wie alle zum gegenseitigen Vorteil zusammenarbeiten können. So gewinnen alle Seiten.

Lektion 9

Denken Sie daran: durch einen Gefallen können Sie Ihr Gegenüber verpflichten.

Es ist menschlich, auf andere ebenso zu reagieren, wie sie uns behandeln. Andere werden sich immer an Ihre Freundlichkeit erinnern, und wenn Sie es am meisten brauchen, werden Sie aus einer völlig unerwarteten Quelle Hilfe bekommen. Die Freundlichkeit und Aufmerksamkeit, die Sie anderen zukommen lassen, müssen nicht groß und teuer sein. Ein nettes Wort, ein freundlicher Gruß oder eine Hilfestellung bei einem Projekt zeigen anderen Ihr Interesse und Ihre Hilfsbereitschaft. Wenn Sie jemandem gerne helfen, ohne dafür irgendetwas zu verlangen, steht diese Person dem Gesetz der Kompensation zufolge in Ihrer Schuld. Dann haben Sie einen Freund gewonnen, dem etwas an Ihrem Erfolg liegt.

Lektion 10

Wer mehr leistet, als sein Lohn vorgibt, wird früher oder später über seine erbrachte Arbeit hinaus bezahlt.

Wenn Sie immer mehr tun, als Ihr Lohn vorgibt – ob als Facharbeiter, Vorstand, Arbeiter mit Stundenlohn oder Unternehmer – wird Ihre Bezahlung letztendlich Ihre Leistung übertreffen.

Wenn Sie mehr und besser arbeiten als andere in Ihrem Umfeld, werden die Kunden Ihnen die Bude einrennen, und Ihr Chef wird Sie für unersetzlich halten. Schließlich mangelt es heutzutage überall auf der Welt an hervorragender Leistung, sodass Sie sich sofort vom Wettbewerb abheben, indem Sie einfach nur effektiv arbeiten.

Lektion 11

Gewöhnen Sie sich an, mehr als verlangt zu tun, und es werden sich Ihnen viele Chancen bieten.

Mehr als verlangt zu tun, bringt Ihnen Kenntnisse und einen guten Ruf ein, und beides eröffnet Chancen. Viele Gelegenheiten tauchen dort auf, wo sich bisher noch kein anderer vorgewagt hat. Wenn Sie sich bemühen, ein ohnehin schon vielversprechendes Projekt noch mehr voranzutreiben, oder wenn Sie sich mehr Kenntnisse über Ihre Ausrüstung verschaffen als jeder andere in Ihrer Schicht, wird Ihnen manches auffallen, was andere übersehen, und so verschaffen Sie sich Vorteile.

Vorgesetzte, die Aufgaben zu vergeben haben, wenden sich dafür bevorzugt an Mitarbeiter, die ihre Kompetenz bewiesen haben. Wenn man Sie aufgrund Ihres Fleißes und Ihrer hochwertigen Arbeit respektiert, werden Sie an anderen vorbeiziehen, die ihren Job als Plackerei betrachten. Für Ihre Sonderleistungen werden Sie reich mit Chancen belohnt, die andere nie bekommen.

Lektion 12

Treiben Sie andere nicht an, wenn Sie selbst keine Blasen an den Füßen haben.

Gute Offiziere führen durch das eigene Beispiel und sorgen dafür, dass die Truppen versorgt sind, bevor sie sich um ihre eigenen Bedürfnisse kümmern. Wenn Sie andere mit Respekt behandeln und nie von jemandem etwas verlangen, wozu Sie selbst nicht bereit wären, verdienen Sie sich damit den Respekt anderer – und sie werden Ihnen diesen Respekt gerne entgegenbringen. Aber Sie können nicht von anderen erwarten, weiterzumarschieren, bis sie Blasen an den Füßen haben, während Sie selbst im Jeep fahren. Menschen zu führen bedeutet, bereit zu sein, weit mehr zu geben, als Sie je von anderen fordern würden.

Lektion 13

Der reichste Mensch ist der, der anderen am meisten hilft.

Viel Geld zu besitzen, ist nur eine Form des Wohlstands. Der wahrhaft glückliche und erfolgreiche Mensch ist gesund, finanziell abgesichert, in seiner Karriere gefordert und verhilft anderen zu einem besseren Leben. Es ist nicht immer leicht, etwas für andere zu tun. Die Welt ist zynisch und gefährlich, und den Motiven für Gutes begegnet man oft mit Misstrauen. Man kann andere nur durch konsequente, ausdauernde und überdurchschnittliche Hilfe überzeugen, die man gerne erbringt. Mit der Zeit wird auch der größte Zyniker Ihre Bereitschaft zur Mehrleistung akzeptieren, wenn Sie Ihr Hilfsangebot ernst meinen.

Lektion 14

Nur die Strasse des nützlichen Dienstes führt in die Stadt des Glücks.

Verhaltenspsychologen zufolge sind wir am glücklichsten, wenn wir uns für ein Ziel anstrengen. Die Mühe, nicht der erfolgreiche Abschluss einer Aufgabe, bringt die größte psychische Befriedigung. Wenn Sie sich bemühen, durch den Dienst an anderen etwas zu erreichen, vervielfachen Sie den Nutzen für sich selbst. Was immer Ihr Lebensweg ist, auf diese Weise wird er Sie letztendlich zu Erfolg und Glück führen.

Jeder Beschäftigung und jedem Beruf kommt es zugute, wenn man sich in der Leistung für andere immer mehr verbessert. Doch den größten Nutzen werden Sie aufgrund der Zufriedenheit mit sich selbst erfahren, und dieses Gefühl ergibt sich aus Ihrem außergewöhnlichen Dienst für andere, den sie anderweitig nicht erhalten hätten.

Lektion 15

Wer nicht mehr leistet, als der Lohn vorgibt, darf im Grunde keine Lohnerhöhung verlangen, denn er erhält bereits die gesamte verdiente Bezahlung.

Wenn Sie sich umsehen, werden Sie zwei Sorten von Menschen auf der Welt unterscheiden: Die einen sagen: »Wenn dieses Unternehmen mir so viel zahlt, wie ich wert bin, werde ich tun, was sie von mir wollen.« Der Zweite sagt: »Ich werde mein Bestmögliches geben, denn so bin ich eben. Ich weiß, wenn ich konsequent mehr leiste als erwartet, werde ich am Ende für meine Mühen belohnt.« Es ist leicht zu erkennen, dass der positiv gestimmte Mensch dem Unternehmen mehr bringt. Und doch sind nur wenige Leute bereit, die für den Erfolg nötigen Opfer zu bringen. Achten Sie darauf, dass Sie zu dieser Gruppe gehören.

Lektion 16

Manche Menschen scheinen allergisch gegen ehrliche Arbeit zu sein, aber die Chancen reagieren ebenso allergisch auf diese Menschen.

In jedem Geschäft, jedem Beruf und jeder Beschäftigung kommt die Zeit, in der man liefern muss. Man kann Leistung eine Zeit lang vortäuschen, aber am Ende wird man an seinen Taten gemessen, nicht an seinen Worten. Wenn Sie eher gut reden als etwas anpacken können, geben Sie sich am besten gleich das feierliche Versprechen, Ihr Verhalten zu ändern. Vielleicht kommen Sie im Leben damit durch, nie mehr als verlangt zu tun, aber Sie werden nie wissen, was Sie mit der Bereitschaft zur Mehrleistung vielleicht erreicht hätten. Die größten Chancen bieten sich immer denen, die hart arbeiten, nicht denen, die dagegen allergisch sind.

Lektion 17

Wer seinen Job so erledigt, als würde ihm die Firma gehören, wird sie vielleicht eines Tages besitzen – oder eine bessere.

In den bestgeführten Unternehmen ermöglicht das Management den Angestellten z. B. mittels Aktienoptionen, Anteilseigner des Unternehmens zu werden. In diesen Fällen hat die Unternehmensleitung festgestellt, dass die Mitarbeiter loyaler, kreativer und kostenbewusster sind, wenn sie Miteigentümer sind. Sie arbeiten dann auch härter und gehen besser auf Kunden ein. Nehmen Sie es wahr, wenn Sie an einem solchen Aktienprogramm teilnehmen können. Eröffnen Sie Ihren Mitarbeitern bei Gelegenheit ebenfalls diese Möglichkeit. Wenn solche Programme nicht zur Verfügung stehen, sollten Sie sich dennoch bereits wie ein Eigentümer verhalten, sodass Sie früher oder später dazu werden. Denn wenn Sie wie ein Eigentümer denken, werden Sie letztendlich mit Sicherheit einer sein.

Lektion 18

Erledigen Sie Ihren Job so, als ob Sie Ihr eigener Chef wären, und früher oder später werden Sie es sein.

Das amerikanische System des freien Unternehmertums basiert auf der Prämisse, dass jeder Mensch entsprechend seiner Arbeitsleistung Gewinn machen darf. In unserer heutigen Welt mit ihrer Hektik, ihrem Hochleistungswettbewerb und der Globalisierung mag es jedoch so wirken, dass Sie nicht angemessen anerkannt und bezahlt würden. Wenn Sie sich das nächste Mal überarbeitet, unterbezahlt und nicht wertgeschätzt fühlen, erinnern Sie sich, dass Sie das alles für sich selbst tun. Sie erschaffen sich selbst.

Sind Sie ein Angestellter, den Sie als Chef gerne beschäftigen würden? Wenn Sie eine schwierige Entscheidung vor sich haben oder wenn Sie darüber nachdenken, eine unangenehme Aufgabe zu vermeiden, fragen Sie sich: Wenn das meine Firma wäre, wie würde ich mit der Situation umgehen? Wenn Ihre Antwort lautet, dass Sie ebenso handeln würden wie als Angestellter, sind Sie für Größeres und Besseres bestimmt. Sie werden bald der Chef sein.

Lektion 19

Geben Sie sich nicht mit guter Leistung im Job zufrieden. Seien Sie der Beste, und Sie werden unverzichtbar sein.

Experten haben durch die Bank festgestellt, dass Geld ab einem bestimmten Punkt nicht mehr motiviert. Auch wenn Sie noch nicht so weit sind – wenn Sie ehrlich sind, werden Sie wahrscheinlich feststellen, dass Geld nur eins von vielen Motiven ist. Wenn man die erfolgreichsten Menschen fragt, ob sie auch bei schlechterer Bezahlung so weitermachen würden wie bisher, antworten die meisten: »Absolut. Ich würde gar nichts ändern. Ich liebe das, was ich tue.« Es ist einer der sichersten Wege zum Erfolg, eine Arbeit auszuwählen, die man auch ohne großes Gehalt leisten würde. Wenn Sie Ihre Arbeit lieben, wird das Geld folgen. Sie werden ein so seltenes Gut werden, dass andere sich um Ihre Dienste reißen – und Sie dafür großzügig bezahlen werden.

Lektion 20

Wenn Sie anfangen zu geben, werden Sie bald empfangen.

Es gibt einen alten Folksong über einen durstigen Reisenden, der in der Wüste an eine Wasserpumpe kommt. Auf einem Zettel liest er, dass daneben ein Krug mit Wasser vergraben ist, um die Pumpe anzukurbeln, deren Gummidichtung ausgetrocknet ist. *Du musst geben, bevor du bekommst*, steht dort. Der Reisende muss sich nun entscheiden, ob er das Wasser aus dem Krug trinkt oder ob er es riskiert und das wenige Wasser investiert, um an jede Menge kaltes, klares Wasser zu kommen.

Genauso zahlt es sich aus, mehr als verlangt zu tun. Man muss geben, bevor man bekommt. Sie können nicht erwarten, großzügig belohnt zu werden, und dann überlegen, was Sie dafür erbringen. Sie müssen großzügig geben und daran glauben, dass der Lohn am Ende kommen wird. Wie der Pfarrer Frank Crain einmal sagte: »Sie werden vielleicht enttäuscht, wenn Sie zu viel Vertrauen haben, aber Sie werden Qualen erleiden, wenn Sie nicht genug Vertrauen haben.«

Lektion 21

Wenn Sie etwas besitzen, das Sie nicht brauchen, schenken Sie es jemandem, der es benötigt. Es wird auf die eine oder andere Art zu Ihnen zurückkommen.

Sie wissen bereits, wie wichtig es ist, seinem Umfeld großzügig Dienste anzubieten, ohne dafür irgendetwas Besonderes zu erwarten. Und Sie wissen auch, wie bedeutend der immaterielle persönliche Nutzen in Form von Selbstachtung und Inspiration ist, den solche Aktivitäten mit sich bringen.

Allerdings wirkt es sich auch auf die Werte Ihres Umfelds aus, etwas für die Allgemeinheit zu tun. Ihre Aktivitäten sind ein stilles, aber unerschütterliches Zeichen, das anderen demonstriert, wie wichtig es ist, sich zu beteiligen. Ein Signal, dass Erfolg nicht die rücksichtslose Hingabe an eine Sache verlangt, und eine Erinnerung an andere, wie groß die Zufriedenheit aufgrund solcher Arbeit ist. Sie werden feststellen, dass Sie andere zu ähnlichen Aktivitäten in anderen Bereichen inspirieren, was einen Dominoeffekt auslöst, der weit über Ihren Beitrag hinausreicht. Ihre Gemeinschaft wird ein besserer Ort werden, und Sie werden glücklicher sein, weil Sie ein Teil davon sind.

Lektion 22

Der sicherste Weg, selbst voranzukommen, ist, anderen weiterzuhelfen.

Wenn Sie Ihre Wege verlassen, um anderen zu helfen, bleibt deren Gegenleistung nicht aus. Wenn Sie anderen aufrichtig Gutes wünschen – auch wenn Sie vielleicht ein wenig neidisch sind, dass sie schneller vorankommen als Sie oder mehr Anerkennung bekommen –, werden sie ähnlich reagieren. Sie werden vielleicht nie erfahren, wie viele Menschen Sie für einen Job empfohlen haben oder für eine Beförderung, oder Sie auf andere Weise unterstützt haben, weil Sie ihnen geholfen haben, als sie es am meisten brauchten.

Lektion 23

Wenn Sie ein Schäfer sind, seien Sie der beste. So könnten Sie am Ende die Herde besitzen.

Es ist wunderbar, dass wir alle einzigartig sind, mit unterschiedlichen Ausprägungen an Intelligenz, Interessen, Begabungen und Wünschen. Wie furchtbar langweilig wäre es, wenn wir alle Atomphysiker werden wollten – oder Bäcker. Doch egal welche Talente wir mit der Geburt mitbekommen und welche Fähigkeiten wir seitdem entwickelt haben – wir haben alle die Fähigkeit, in unserem Bereich zu den Besten zu zählen.

Der Beste zu sein, spiegelt strenggenommen nur Ihre Einstellung und Ihre Wünsche wider. Ob Sie nun Verkäufer sind, Führungskraft, Sekretär oder Fließbandarbeiter: Sie sind in der Lage, so gut zu sein, wie Sie wollen. Wenn Sie sich in Ihrem Bereich besonders hervortun, wird die Nachfrage nach Ihren Diensten stark ansteigen. Wenn Sie der Beste in Ihrem Metier werden, wird man Sie vermutlich so oft bitten, anderen »Schafen« zu helfen, dass Sie bald Ihre eigene »Herde« besitzen werden.

Lektion 24

Nach oben zu klettern fällt leichter, wenn Sie andere mitziehen.

Wenn Sie sich bemühen, werden Sie eine Führungskraft, deren Erfolg in großem Maße davon abhängt, inwieweit Sie andere zur Zusammenarbeit inspirieren können. Sie werden Ihrer Führung folgen, wenn sie Ihnen vertrauen und wenn Sie sie an Ihrem Erfolg teilhaben lassen. Nur wenige von uns schaffen es oder haben so viel Glück, ganz allein große Erfolge zu erzielen. Wir sind auf die Hilfe anderer angewiesen. Sofern wir mehr zurückgeben, als wir von unseren Freunden und Geschäftspartnern fordern, werden wir nicht nur wesentlich mehr im Leben erreichen, sondern es wird auch weitaus angenehmer sein.

Lektion 25

Wenn es am schwersten wird, machen Sie einfach weiter, und Sie werden schneller zum Ziel kommen als einer, dem es leichtfällt.

Wenn Sie glauben, große Erfolge zu erzielen sei einfach, haben Sie entweder nicht verstanden, wie es funktioniert, oder Sie haben sich zu niedrige Ziele gesetzt. In jedem Bereich ist es schwierig, zeitraubend und oft mühsam, an die Spitze zu gelangen. Dort wimmelt es nicht gerade von Menschen, weil die meisten nicht das für den Erfolg Notwendige leisten. Sie geben schnell auf, wenn es schwierig wird. Wenn Sie Inspiration brauchen, um durchzuhalten, lesen Sie die Biografien von Männern und Frauen, die Großes im Leben erreicht haben. Sie werden feststellen, dass sie es deshalb schafften, weil sie nicht aufgeben wollten. Sie haben sich allein weiter abgerackert, nachdem alle anderen schon lange aufgegeben hatten und nach Hause gegangen waren.

Lektion 26

Haben Sie schon mal bemerkt, dass der effektivste Arbeiter meist auch der Meistbeschäftigte ist?

Erfolgreiche Menschen sind beschäftigt. Sie verabscheuen Faulheit und suchen permanent nach neuen Herausforderungen und besseren Wegen, etwas zu leisten. Wenn andere bemerken, wie aufmerksam, hilfsbereit und begeistert Sie bei Ihrer Arbeit sind, werden Sie bald mehr zu tun haben, als Sie schaffen können, und so werden immer mehr Menschen Ihren Erfolg unterstützen.

Die langweiligsten Aufgaben werden viel erträglicher, wenn Sie mit sich selbst konkurrieren, um darin besser zu werden. Wenn Sie schnellere und bessere Wege finden, um Ihre Aufgaben zu erledigen, gewinnen Sie auch Zeit für kreativere Tätigkeiten.

Lektion 27

Die Qualität und Quantität Ihrer Arbeit bestimmen Ihren Lohn und Ihre Erfahrung.

Sie allein bestimmen die Grenzen Ihres Einkommens und Ihres Vorankommens. Wenn Sie Ihre Position nicht mögen oder mit Ihrem Gehalt unglücklich sind, tun Sie etwas dagegen. Wie können Sie für Ihre Abteilung oder Ihr Unternehmen wertvoller werden? Welche Aufgaben sind noch nicht erledigt, weil niemand Zeit oder Lust dazu hat?

Suchen Sie nach Tätigkeiten, die anstehen. Warten Sie nicht, bis man Sie darum bittet. Wenn Sie sich angewöhnen, Chancen aufzuspüren und neue Aufgaben zu übernehmen, werden Sie Ihr Wissen über das Unternehmen erweitern und sich unersetzlich machen.

Lektion 28

Höchstwahrscheinlich mag Ihr Job sie in dem Maße, wie Sie ihn mögen, jedoch nicht mehr.

Sie sind der weltbeste Experte für Ihren Job und können ihn so gestalten, wie Sie wollen. Sie mögen über eine Aufgabenbeschreibung verfügen, aber es gibt nur für wenige Jobs auf der Welt tatsächlich detaillierte Anweisungen. Eine Aufgabenbeschreibung liefert nur die Grundlage, auf der Sie Ihren perfekten Job aufbauen können. Wenn Sie großzügig in ihn investieren, gibt Ihre Position Ihnen das volle Maß an Zufriedenheit, persönlicher Weiterentwicklung, finanzieller Vergütung und vielversprechende Zukunftsaussichten zurück.

Wenn Sie Ihren Job absolut hassen, alle Alternativen geprüft und zu dem Ergebnis gekommen sind, dass Sie ihn niemals mögen werden, suchen Sie sich etwas anderes. Aber wenn Sie, wie die meisten Menschen, das ein oder andere an Ihrer Arbeit nicht mögen, im Großen und Ganzen aber meinen, eine ordentliche Position innezuhaben, machen Sie daraus den tollsten Job der Welt. Im Berufsleben wie im Leben überhaupt steht das, was Sie *empfangen*, in direkter Proportion zu dem, was Sie *geben*.

Lektion 29

Sie müssen aktiv werden und mehr als verlangt tun.

Es ist schön und gut, seine Einstellung zu ändern und mehr als verlangt zu leisten, aber wenn Ihre Arbeit tatsächlich nicht die der anderen übertrifft, tun Sie sich damit keinen Gefallen. Sie müssen Ihre Kollegen und Konkurrenten beobachten, um zu verstehen, wie Sie besonders hervorstechen können. Wenn es Mindestanforderungen für Ihren Job gibt, übertreffen Sie sie. Wenn Sie einen Vertrag erfüllen, bieten Sie mehr, als Sie versprochen haben.

Aber Sie sollten Ihre Mehrleistung nicht auf Ihre Arbeit beschränken. Sie muss Teil der Philosophie werden, mit der Sie jedem Menschen begegnen. Stellen Sie sich die Freude der anderen vor, wenn sie Sie als einen Menschen erleben, der mehr tut, als er verspricht. Der wahre Nutzen der Mehrleistung ist der Entschluss, in allen Bereichen immer nach besseren Leistungen zu streben.

Lektion 30

Die grossartigste Erfolgsregel lautet: Behandeln Sie andere so, als wären Sie an ihrer Stelle.

Die Goldene Regel ist mehr als eine ethische Verhaltensnorm; sie ist eine dynamische Kraft, die im Leben unzähliger Menschen Gutes bewirken kann. Wenn Sie andere stets so behandeln, als ob Sie in deren Hauten, verbreiten Sie Wohlwollen unter den Menschen, die dann wiederum gerne dasselbe tun. Ihre Handlungen beeinflussen andere Menschen, die dieses Wohlwollen wieder bei anderen hervorrufen. Diese gütige Kraft steigert sich exponentiell und kommt Ihnen aus völlig neuen Quellen wieder zugute. Vielleicht ist der Nutzen, den Sie heute aus der guten Tat eines Fremden ziehen, eine Kettenreaktion auf eine Chance, die sich vor langer Zeit ergeben hat, als Sie einem anderen gegenüber der Goldenen Regel gefolgt sind.

Oktober
GEIST UND DENKEN

Lektion 1

Der Amerikaner, der Eiscreme in Schokolade tauchte, machte sein Vermögen in den fünf Sekunden, die er für diesen Geistesblitz brauchte.

Wir beginnen erst zu verstehen, auf welche mysteriöse Weise unser Denken funktioniert, aber erfolgreiche Menschen wissen schon lange, wie man die Kraft der kreativen Vision nutzt. Viele »neue« Ideen sind in Wahrheit nichts weiter als eine neue Kombination von zwei wohlbekannten Produkten oder Ideen. Dennoch wurden so schon große Vermögen angehäuft, wenn sie von einem cleveren Namen und einer durchdachten Marketingkampagne unterstützt wurden.

Es gibt einen definierten Prozess, um die eigene Fantasie anzuzapfen. James Webb Young hat in seinem Buch *A Technique for Producing Ideas* fünf Schritte ermittelt:

1. Beschaffen Sie sich die nötigen Informationen.
2. Gehen Sie die Informationen im Kopf gründlich durch.
3. Lassen Sie die Idee in Ihrem Unterbewusstsein brüten.
4. Erkennen Sie die »Heureka!«-Stufe, wenn die Idee geboren wird.
5. Formen und entwickeln Sie die Idee für die praktische Anwendung.

Die Technik funktioniert. Probieren Sie es aus, wenn Sie das nächste Mal nach einer kreativen Lösung für ein altes Problem suchen.

Lektion 2

Clarence Saunders machte Millionen, indem er die Idee der Selfservice-Cafeteria auf das Lebensmittelgeschäft übertrug und es »Piggly Wiggly« nannte. Fantasie zahlt sich aus!

Der Gründer der Lebensmittelkette Piggly Wiggly war ein kleiner Angestellter in einem Eckgeschäft, als er in einer Cafeteria auf die Idee kam, dass das dortige Prinzip auch im Lebensmittelhandel genutzt werden konnte. Experten machten sich über ihn lustig, aber er war überzeugt von dieser Idee. Saunders hielt durch, und seine Adaption der Selfservice-Idee auf die Lebensmittelbranche machte aus ihm den Vater des modernen Supermarkts.

Oft ist eine großartige Idee allein nicht genug, um Erfolg zu haben. Die Umsetzung kann ebenso viel oder noch mehr Fantasie erfordern wie die Entwicklung der ursprünglichen Idee. Jeder, der sich hier auskennt, berichtet jedoch, bei einer wirklich guten Idee wisse man intuitiv, dass sie zünden wird, auch wenn man es nicht beweisen könne. Wenn Sie überzeugt sind, bleiben Sie also dran. Die anderen werden irgendwann den Wert Ihres Einfalls erkennen.

Lektion 3

Die Vorstellungskraft ist der Workshop der Seele, in dem sämtliche Pläne für die Erfolge eines Menschen geformt werden.

Bevor man etwas Lohnendes baut, muss man es erst im Kopf entwerfen. Das Denken unterliegt nicht dem Zwang physischer Grenzen. In dem Workshop Ihres Kopfes können Sie Dinge visualisieren, die es nie gegeben hat. Es heißt, Albert Einstein habe sich vorgestellt, wie das Universum aussehen könnte, wenn er auf einem Lichtstrahl durch die Unendlichkeit reiten würde. Dann erarbeitete er die mathematischen Grundlagen für seine Relativitätstheorie. Sie können Ihre Vorstellungskraft nutzen, um Lösungen für schwierige Probleme zu visualisieren, um neue Ideen zu entwickeln und um sich selbst zu sehen, wie Sie selbstgesetzte Ziele erreichen.

Lektion 4

Ihre Aufgabe wird nie grösser sein, als Ihre Vorstellung sie macht.

Daniel Burnham, Architekt der Wende vom 19. zum 20. Jahrhundert und Stadtplaner, dessen Konzept der Weltausstellung 1893 in Chicago die zeitgenössische Stadtplanung stark beeinflusste, wird mit dem Satz zitiert: »Begnügen Sie sich nicht mit kleinen Plänen.« Er wusste, um Großartiges zu erreichen, müssen wir großartig denken. Wenn Sie es sich vorstellen können, können Sie es auch erschaffen. Und wenn Sie im Geiste Ihren ersehnten Job gestalten können, gelingt es Ihnen auch in der realen Welt.

Lektion 5

Wenn Sie eine Verbesserung für etwas gefunden haben, könnte Ihre Idee ein vermögen Wert sein.

Überall in der Wirtschaft sind es die wertvollsten Ideen, die Gewinn generieren, Geld und Zeit sparen oder Prozesse verbessern. Jede Verbesserung, wie klein auch immer, ist ein Schritt in die richtige Richtung. Nach Optimierung zu streben, gehört zu einer positiven Einstellung. Doch Sie können kaum Chancen ausarbeiten, wenn Sie sich gedanklich mit Risiken anstatt mit Potenzialen befassen. Wenn Sie Ihre Leistungen optimieren möchten oder eine Aufgabe besser, schneller oder kostengünstiger erledigen wollen, analysieren und minimieren Sie stets die Risiken und fokussieren Sie sich auf die Möglichkeiten.

Lektion 6

Der Geist wächst nur, indem man ihn nutzt, und er schrumpft durch Untätigkeit.

Genau wie regelmäßige Bewegung den physischen Körper stärkt, muss man seinen Geist regelmäßig nutzen, damit er rege bleibt. Achten Sie daher auf möglichst viel geistige Stimulation im Rahmen Ihrer persönlichen Entwicklung. Um Ihre Vorstellungs- und Visualisierungskraft auszubauen, sollten Sie vor allem lesen. Bei der Lektüre übersetzt Ihr Geist die Worte in Bilder, damit Sie die Inhalte besser verstehen können. Werden Sie zum passionierten Leser. Schmökern Sie in Zeitungen, Branchenmagazinen, Ratgebern und Romanen, um sich zu bilden, besser visualisieren zu können und Ihre Vorstellungskraft effektiver einzusetzen.

Lektion 7

Die Wahrheit erkennen vor allem Menschen, die sie mit offenem Geist suchen.

Der Keksmogul Wally Amos bemerkte gerne: »Der Geist ist wie ein Fallschirm. Er funktioniert am besten, wenn er offen ist.« Wenn Sie Ihren Geist den Möglichkeiten öffnen, Informationen objektiv analysieren und sich in Ihrem Urteil nicht von Ihren persönlichen Vorlieben und Neigungen beeinflussen lassen, werden Sie große Wahrheiten erkennen, die andere übersehen. Mit verschlossenem Geist dagegen werden Sie manche der großartigsten Möglichkeiten des Lebens verpassen.

Wenn Sie dazu neigen, Fakten zu bestreiten, oder immer wieder versuchen, sie zu überprüfen, um Ihre Überzeugung bestätigt zu finden, fragen Sie sich: Warum bin ich nicht bereit, diese Information zu akzeptieren? Bin ich noch logisch, oder lasse ich einfach nur zu, dass meine Emotionen mein Urteilsvermögen trüben? Im schlimmsten Fall akzeptieren Sie etwas Falsches. Andere Menschen sollte man niemals täuschen, aber sich selbst zu täuschen, führt direkt in die Katastrophe.

Lektion 8

Ein verschlossener Geist stolpert blind über die schönen Seiten des Lebens.

Für das ungeübte Auge sieht eine Geode wie ein normaler Stein aus. Aber ein Geologe weiß, dass das Innere der Geoden mit einer wunderschönen Kristallschicht überzogen ist. Genauso ist es mit Leuten, die sich neue Möglichkeiten erst gar nicht ansehen, weil sie nicht offen dafür sind. Die großartigsten Chancen im Leben kommen oft in einer unscheinbaren Verpackung daher, wie die Geoden.

Lassen Sie nicht zu, dass Sie ein solches Gewohnheitstier werden, dass Sie einfach so dahintrotten und das Leben an sich vorbeiziehen lassen. Wenn Sie nur einmal einen anderen Weg zur Arbeit nehmen, ein Puzzle machen, eine Zeitung lesen anstatt fernzusehen oder in der Mittagspause in ein Museum gehen, werden Sie Ihre Denkprozesse stimulieren und sich für neue Möglichkeiten öffnen.

Lektion 9

Nutzen Sie Ihren Verstand aktiv, denn so könnte Ihr Leben sich schon bald zu Ihren Gunsten auszahlen.

Ihr Verstand ist fraglos Ihr wertvollster Besitz. Sie können alle materiellen Güter verlieren, aber das Wissen kann man Ihnen nicht nehmen. Damit können Sie ein neues Vermögen verdienen, ein neues Haus bauen und alles kaufen, was Sie sich aufrichtig wünschen. Niemand kann Ihre Gedanken kontrollieren; selbst der grausamste Tyrann kann Sie nicht zwingen, etwas zu denken, das Sie nicht akzeptieren. Wenn Sie Ihr Denken bewusst kontrollieren und es mit positiven, konstruktiven Gedanken füttern, sind Sie auf dem Weg, Ihr Leben in den Griff zu bekommen. Ihre dominierenden Gedanken bestimmen, wie Ihr Leben sich entwickelt.

Lektion 10

Denken Sie daran: der Verstand wird durch Anwendung stärker. Sich anzustrengen erzeugt Kraft.

Napoleon Hill erzählte gerne eine Geschichte über seinen Großvater, einen Wagenbauer in North Carolina. Wenn der alte Mann das Land für den Ackerbau rodete, ließ er immer ein paar Eichen in der Mitte des Ackers stehen, den Elementen ausgesetzt, ohne den Schutz der anderen Bäume im Wald. Aus diesen Bäumen fertigte sein Großvater die Räder für seine Wagen. Weil sie sich gegen die Naturgewalten stemmen mussten, wurden sie so stark, dass sie die schwersten Lasten tragen konnten.

Begrüßen Sie schwierige Hürden, denn die großartigsten Chancen erwachsen aus Herausforderungen, die Sie zwingen, Ihr Denken zu erweitern und nach kreativen Lösungen zu suchen. Trösten Sie sich in den düstersten Stunden damit, dass der Kampf Sie stark macht, sodass Sie in Zukunft auf noch größere Herausforderungen vorbereitet sind. So wie die alten Eichen entwickeln Sie nur dann Stärke, wenn Sie gezwungen sind, gegen etwas zu kämpfen.

Lektion 11

Hüten Sie sich vor dem vermeintlichen Helfer, der im Grunde nur Ihr Denken vergiften und Sie gegen einen Dritten aufbringen will. Die Chancen stehen tausend zu eins, dass er nur sich selbst helfen will.

Der südafrikanische Dichter und Maler Breyten Breytenback erzählt von einem Schwarzen namens Freedom, der in den Tagen vor der Abschaffung der Sklaverei Eigentum eines einbeinigen Sklavenbesitzers war. Immer wenn der Eigentümer sich ein neues Paar Schuhe kaufte, schenkte er Freedom den linken, den er nicht brauchte. Weil er zwei linke Schuhe trug, verformte sich Freedoms rechter Fuß, und so war er durch die »Großzügigkeit« seines Herrn für immer entstellt.

Lassen Sie sich nicht von Leuten über den Tisch ziehen, die Ihnen angeblich helfen wollen, und doch nur ihre eigenen Interessen verfolgen. Hören Sie sich den Rat anderer an, danken Sie ihnen für die Anteilnahme und entscheiden Sie dann selbst, was das Beste ist. Folgen Sie den Ratschlägen, sofern sie Ihren Lebensplänen entsprechen, aber schlagen Sie sie in den Wind, wenn sie nicht passen. Auf der ganzen Welt gibt es nur einen Menschen, der weiß, was das Beste für Sie ist, und das sind Sie.

Lektion 12

Der schärfste Verstand ist der, den praktische Erfahrung geschliffen hat.

Theoretisches Wissen ohne praktische Erfahrung ist mit einer Menge ungesteuerter Energie vergleichbar. Wird sie nicht fokussiert, kann man die Energie nur schwer nutzen. Praktische Erfahrung ist die Linse, durch die die Energie des Wissens scharfgestellt und auf nutzenstiftende Aktivitäten gerichtet wird.

Wenn Sie sich neue Kenntnisse aneignen oder eine Idee haben, die noch nicht getestet wurde, sollten Sie ihre Anwendung sorgsam durchdenken, bevor Sie sie einsetzen. Werden Sie aktiv, sobald Sie die Möglichkeiten erwogen haben und die Idee Ihnen noch immer gut erscheint. Der einzige Weg zur praktischen Erfahrung besteht darin, Ihre Idee in die Praxis umzusetzen.

Lektion 13

Schnelle Entscheidungen zeugen meist von einem aufmerksamen Geist.

Erfolgreiche Menschen sind Entscheider. Sie zermartern sich vor Entschlüssen nicht den Kopf und verpassen dadurch eine großartige Chance. Sie sammeln die relevanten Informationen, besprechen die Alternativen mit Ratgebern ihres Vertrauens, entscheiden dann und machen weiter. Unentschiedenheit schafft einen üblen, lähmenden Zustand und kann – wenn man nichts dagegen tut – Sie und Ihre Organisation dauerhaft schädigen. Falls Sie sich schwer entscheiden können, bedenken Sie, dass nur wenige Entscheidungen irreversibel sind. Wenn Sie später feststellen, dass Sie sich getäuscht haben, korrigieren Sie Ihren Kurs und machen Sie weiter.

Lektion 14

Kontrollieren Sie Ihren Verstand, dann wird Sie nie der eines anderen kontrollieren.

Der Verstand ist die mächtigste Waffe der Menschheit. Er kann nicht von außen kontrolliert oder beherrscht werden, egal wie gewaltig die fremde Kraft zunächst wirken mag. In der Geschichte haben die Tyrannen zu allen Zeiten versucht, ihre Gegner zu unterjochen, aber am Ende stellten diese Machthaber fest, dass die Vorstellungskraft weit größer war als die Bedrohung durch das Schwert. Wie Victor Hugo sagte: »Einer Invasion von Armeen kann man Widerstand leisten, nicht aber einer Idee, deren Zeit gekommen ist.«

Lektion 15

Ein reger Verstand funktioniert am besten.

Nutzen Sie eine Methode, um Ihr wertvollstes Gut permanent zu verbessern – Ihren Verstand? Achten Sie darauf, jeden Tag mindestens eine halbe Stunde mit Lesen, Nachdenken und Pläne schmieden zu verbringen. Prüfen Sie Ihre lang-, mittel- und kurzfristigen Ziele, und messen Sie Ihre Fortschritte. Liegen Sie noch im Zeitplan? Fragen Sie sich: Welche Informationen fehlen mir noch, die mich meinen Zielen näherbringen würden? Holen Sie dann die benötigten Informationen ein und werden Sie aktiv.

Lektion 16

Der Verstand wird nie müde, aber manchmal langweilt er sich mit dem »Futter«, das er bekommt.

Computerexperten benutzen das Akronym GIGO – garbage in, garbage out (*Deutsch: Müll rein, Müll raus, Anm. d. Übers.*) – um zu beschreiben, dass ein Computer nur die Informationen verarbeiten kann, mit denen man ihn füttert. Dasselbe gilt auch für Ihren Verstand. Wenn Sie ihm gesundes, nahrhaftes »Futter« geben, macht es ihn stark und agil, aber wenn Sie ihm regelmäßig nur mentales »Junkfood« zumuten, schwächt es ihn, er wird negativ und unproduktiv. Was Sie ihm zuführen, fällt auf Sie zurück. Füttern Sie Ihren Geist mit ausgewogener, gehaltvoller Nahrung. Lesen Sie Informationen aus verschiedenen Themenbereichen, um mit den neuesten Trends Schritt zu halten. So könnten Sie entdecken, dass die besten Ideen für Ihr Unternehmen aus einem fachfremden Bereich kommen.

Lektion 17

Machen Sie sich bewusst, wie Sie denken, und Sie werden zu einem weisen Menschen.

Wenn Sie Ihren Geist kontrollieren, bekommen Sie auch Ihr Leben in den Griff. Wenn Sie Ihre Gedanken, Gefühle, Emotionen und Sehnsüchte verstehen, können Sie sie auf jeden gewünschten Zweck ausrichten. Weisheit entsteht, wenn man sich die Zeit nimmt, sich selbst zu studieren und zu erkennen, warum man gerade dieser Mensch ist.

Es ist ein tiefgründiger, reflektierender und einsamer Prozess, sich den eigenen Verstand anzueignen. Nur Sie selbst können dessen komplexe Abläufe verstehen, und es empfiehlt sich, die erforderliche Zeit und Mühe für eine solche Betrachtung zu investieren.

Lektion 18

Wenn Sie Ihren Verstand kennen, wissen Sie genug, um ihn stets positiv zu stimmen.

Vielleicht verstehen Sie die komplexen Prozesse nicht völlig, wie Elektrizität gewonnen und bis zu Ihrem Haus geleitet wird. Aber Sie begreifen sehr wohl, wie man diese Elektrizität anwendet, um das Haus zu beleuchten, den Computer zu betreiben und Hunderte andere grundsätzliche Aufgaben zu erfüllen. Dasselbe gilt auch für Ihren Verstand. Niemand versteht die unglaublich komplexen Vorgänge im Gehirn. Wir wissen nur, dass wir das gewünschte Ergebnis erreichen, wenn wir unseren Verstand auf bestimmte Weise nutzen. Wenn wir positiv denken, erzielen wir positive Ergebnisse.

Lektion 19

Niemand ist bisher an die Grenzen der eigenen Verstandeskraft gestossen.

Pat Ryan, Chairman und CEO von Aon plc, dem riesigen multinationalen Versicherungsunternehmen, sagt gerne: »Man kann nicht begreifen, wie hoch ›oben‹ ist, außer an den Grenzen des eigenen Denkens.« Das ist nicht besonders elegant formuliert, gibt er zu, aber es drückt auf emphatische Weise aus, dass man es immer nur selbst ist, der der eigenen Verstandeskraft Grenzen setzt.

Beschränken Sie Ihre Ideen bei einem Brainstorming auf keinen Fall. Manchmal erweisen sich zunächst völlig verrückte Einfälle später als besonders kreativ. Wenn Sie mit Ihrer Master-Mind-Gruppe arbeiten, ermutigen Sie alle zum freien Ideenfluss. Seien Sie nicht analytisch oder kritisch während des Brainstorming-Prozesses; zu diesem Zeitpunkt ist jede Idee eine gute Idee. Fassen Sie die Einfälle in Gruppen zusammenhängender Gedanken zusammen, sodass Sie die besten später zur praktischen Anwendung anpassen können.

Lektion 20

Ein negativer Geist zieht niemals Glück oder materiellen Erfolg an, sondern genau das Gegenteil.

Sie können sich einreden, dass Sie nur des Teufels Advokat spielen oder nach Schwachpunkten in scheinbar guten Ideen suchen, aber am Ende produziert negatives Denken doch nur negative Ergebnisse. Genau wie Ihr Denken sich unermüdlich bemüht, Ihre positiven Gedanken in ihr physisches Äquivalent zu verwandeln, arbeitet es ebenso an negativen Ergebnissen, wenn alle Ihre Gedanken negativ sind.

Lektion 21

Jedes Gehirn ist sowohl Sendestation als auch Empfänger für Gedankenströme.

Wir kennen den aktuellen Forschungsstand zur Gedankenübertragung nicht, aber eines trifft zu: Wenn Sie die mentale Kraft anderer empfangen wollen, müssen Sie Ihren Geist genau darauf konditionieren. Zuhören hilft, Ihren Geist an den Empfang wertvoller Informationen aus den Gedanken anderer zu gewöhnen. Lassen Sie alle vorgefassten Meinungen, die Sie vielleicht über ein Thema haben, beiseite und hören Sie aufmerksam und nicht urteilend zu. Konzentrieren Sie sich auf die Informationen, nicht auf den Sprecher. Versuchen Sie, Schlüsselkonzepte hinter seinen Worten zu erkennen. Trainieren Sie sich darauf, Informationen zu erkennen und aufzunehmen, die andere verpassen, weil ihre »Empfänger« gerade nicht auf die richtige Frequenz eingestellt sind.

Lektion 22

Ihr wahres Alter bestimmt Ihre innere Einstellung, nicht die gelebten Jahre.

Der amerikanische Pfarrer und Autor Tyrone Edwards sagte: »Das Alter hängt nicht von Jahren ab, sondern von Temperament und Gesundheit. Manche Menschen werden schon alt geboren, andere werden es nie.« Sicher haben Sie Teenager gekannt, die schon alt waren, und Siebzigjährige, die das Temperament und den Enthusiasmus von Menschen hatten, die die Wunder des Lebens zum allerersten Mal entdecken. Es ist alles eine Frage der Einstellung.

Während Sie wachsen und sich entwickeln, achten Sie darauf, Ihre Erfahrungen so auszurichten, dass Sie Weisheit erwerben und nicht dem Zynismus anheimfallen. Falls es Ihnen aufgrund früherer Erfahrungen schwerfällt, geistig offen zu bleiben, führen Sie sich vor Augen, dass Sie es nun mit anderen Menschen zu tun und die Umstände sich geändert haben oder dass Ihre Erfolgschancen größer als früher sind, weil Sie älter und klüger sind.

Lektion 23

Nur Sie kontrollieren Ihr Denken. Verschwenden Sie es nicht leichtfertig mit sinnlosen Streitereien.

Sie können Ihre Zeit und Energie – beides physisch wie geistig – mit gewinnbringenden Unterfangen verbringen oder sie mit unnützen Aktivitäten verplempern. Da Ihr Denken nur Ihnen untersteht, können Sie entscheiden, ob Sie es für konstruktive Ziele einsetzen oder ob Sie Ihre geistigen Kräfte – und Zeit – an sinnlose Streitereien verschwenden, die nirgendwo hinführen. Es besteht ein riesiger Unterschied zwischen einer geistreichen intellektuellen Debatte und einem belanglosen Zwist. Wenn Sie Ansichten diskutieren, erweitern Sie Ihr Wissen durch die Interaktion mit einer anderen denkenden Person. Wenn Sie sich in Streitereien über unbedeutende Dinge hineinziehen lassen, werden Ihr Denken und Ihr Geist nur abgestumpft.

Lektion 24

Hühner kehren immer wieder in ihren Stall zurück, genau wie ihre Gedanken. Achten Sie darauf, welche Gedanken Sie aussenden.

Die Gedanken, die Sie aussenden, wirken sich weit mehr auf Sie als auf die anderen aus. Anders als materieller Besitz bleibt ein Gedanke auch bei Ihnen, wenn Sie ihn aussprechen oder an jemand anderen weitergeben. Vielleicht bleibt er tief in Ihrem Unterbewusstsein verborgen, lange nachdem Ihr Bewusstsein ihn vergessen hat. Genau wie Hühner am Abend in ihren Stall zurückkehren, können solche Gedanken in Ihrem Unterbewusstsein aufblitzen, wenn Sie es am wenigsten erwarten. Sofern Ihre Gedanken positiv sind, müssen Sie sich nie über den Schaden Sorgen machen, den Sie sich durch negatives Denken vielleicht selbst zufügen. Fröhliche, produktive, glückliche Gedanken, die in Ihrem Unterbewusstsein verborgen liegen, bringen positive Ergebnisse, wenn sie wieder auftauchen. Und durch ihre Präsenz tragen sie dazu bei, dass Sie weiterhin eine positive Einstellung bei allem behalten.

Lektion 25

Sie lassen Ihr Gehirn eher einrosten, indem Sie es schonen, als es durch Beanspruchung abzunutzen.

Anders als ein viel beanspruchtes technisches Gerät, das sich mit der Zeit abnutzt und irgendwann ausgetauscht werden muss, erstarkt nur der aktiv eingesetzte Verstand. Je mehr Sie Ihr Gehirn trainieren, desto fähiger wird es. Es zu schonen hat hingegen denselben Effekt auf Ihren Geist wie auf eine Maschine: Die komplizierteste, stärkste Maschine der Welt ebenso wie der großartigste Geist rosten ungenutzt ein.

Wenn Sie keine Zeit fürs Lernen und Lesen einplanen, laufen Sie Gefahr, der Versuchung nachzugeben und Ihre Freizeit mit gedankenlosen, abstumpfenden und eskapistischen Aktivitäten zu verbringen. Entspannung ist wichtig, aber ebenso sollten Sie sich Wissen aneignen. Räumen Sie in Ihrem täglichen Stundenplan genügend Zeit für beides ein.

Lektion 26

Manche Menschen haben vor allem deshalb immer Sorgen, weil Ihre Gedanken ständig um Sorgen kreisen. Der Geist zieht das an, womit er sich befasst.

Sorgen dienen keinem sinnvollen Zweck und wirken sich negativ auf Ihre geistige wie physische Gesundheit aus. Charles Mayo, der mit seinem Bruder William zusammen die berühmte Mayo-Klinik in Rochester, Minnesota, gründete, sagte: »Ich kenne keinen Menschen, der an Überarbeitung gestorben ist, aber viele, die am Zweifel gestorben sind.«

Weil Sorgen sich auf irgendeine vage, unklare Bedrohung beziehen, kann man kaum logisch mit ihnen umgehen. Am besten werden Sie Ihre Sorgen los, wenn Sie positiv in Aktion treten und ihre Quelle beseitigen. Wenn Sie einen konstruktiven Plan für Ihre Probleme entwickeln und diesen umzusetzen, werden Sie nicht mehr von Sorgen geplagt. Negative Gedanken machen einem entschlossenen Menschen, der einen positiven Aktionsplan verfolgt, immer den Weg frei und weichen zurück.

Lektion 27

Das Schlimmste an Sorgen ist, dass sie ein Heer an Verwandten anziehen.

Sorgen scheinen sich, wie Schafe, in Herden zusammenzutun. Eine Sorge führt zur nächsten, und bald überwältigt Sie ein Berg von Problemen. Wenn Sie sich erlauben, dem Spiel »Was wäre, wenn …« nachzugehen und zu spekulieren, welche zusätzlichen Probleme das eine potenzielle Problem erzeugen könnte, vervielfachen sich die Sorgen, wobei eine noch schlimmer erscheint als die andere.

Wenn Sie schon »Was wäre, wenn …« spielen müssen, betreiben Sie es im positiven Sinn. Fokussieren Sie sich auf Lösungen, nicht auf die Probleme selbst und die zusätzlichen potenziellen Schwierigkeiten. Wie ernst auch immer Ihre Sorgen erscheinen mögen, wenn Sie mitten in der Nacht aufwachen – bei sorgfältiger Analyse werden Sie feststellen, dass es für jedes Problem eine Lösung gibt.

Lektion 28

Wenn Sie Ihre Einstellung nicht in den Griff bekommen, warum sollten Sie in der Lage sein, andere zu führen?

Warum schaffen es gerade diejenigen, die sich für die besten Führungskräfte halten – sofern man ihnen die Chance gäbe –, nicht, sich selbst richtig zu organisieren? Bevor Sie beginnen, Menschen zu führen, müssen Sie ihnen mit gutem Beispiel vorangehen können. Sie können andere nicht zu höheren Leistungen motivieren, wenn Sie es für sich selbst nicht schaffen. Machen Sie nicht den oft begangenen Fehler von Leuten, die sagen: »Wenn man mich zur Führungskraft macht, werde ich ihnen schon zeigen, dass ich führen kann.« Den ersten Schritt müssen Sie machen. Sie müssen sich als würdig erweisen.

Lektion 29

Sie können sich in jeden Zustand hinein- oder hinausdenken – gut oder schlecht.

Keine Handlung findet statt, ohne dass ihr ein Gedanke vorausgegangen wäre. Wenn Sie mit Ihren Umständen unglücklich sind, können Sie Ihre Situation durch die Kraft der Gedanken ebenso sicher verbessern, wie Sie ein positiv geprägtes Leben mit negativen Gedanken zerstören können. Erfolg beginnt, indem Sie Ihre aktuellen Umstände ehrlich analysieren, die Verantwortung für Ihr eigenes Leben übernehmen und einen konkreten Plan entwickeln, um das Gewünschte zu erreichen.

Lektion 30

Ein positiver Geist findet Wege, es zu schaffen. ein negativer Geist sucht nach den vielen Wegen, es nicht zu schaffen.

Jemand hat einmal gesagt: »Es gibt keine Wahrheiten; es gibt nur Wahrnehmungen von Wahrheit.« Ob Sie diesen Satz nun akzeptieren oder nicht – was immer Sie glauben, wird Ihre Realität sein. Ihr Unterbewusstsein glaubt alles, was Sie ihm erzählen – wenn Sie die Worte oft und nachdrücklich wiederholen. Wenn Sie vor einer beängstigenden Aufgabe stehen, etwas, was Sie nie zuvor versucht haben, fokussieren Sie sich auf das Erfolgspotenzial, nicht auf die Möglichkeiten, zu scheitern. Brechen Sie die Aufgabe in kleinere Elemente herunter und packen Sie jedes für sich an. Der einzige Unterschied zwischen Erfolg und Misserfolg ist bei jeder Aufgabe Ihre Einstellung.

Lektion 31

Weise Menschen denken zweimal nach, bevor sie einmal sprechen.

Die beste Eigenschaft einer Führungskraft und die wertvollste Fähigkeit beim Knüpfen von Beziehungen besteht darin, zu denken, bevor man spricht. Wenn Sie dazu neigen, im Zorn vorschnell etwas auszuplaudern und es später bereuen, könnte die Ermahnung aus Kindertagen, erst bis zehn zu zählen, bevor Sie sprechen, ein guter Tipp für Sie sein. Wenn Sie eine Pause einlegen – wenn auch nur für einen Moment –, um sich die Konsequenzen vor Augen zu führen, werden Sie sich Ihre nächsten Worte vielleicht besser überlegen. Und wenn Sie schon schimpfen müssen, sollten Sie die Worte mit Zuckerguss überziehen – nur für den Fall, dass Sie sie später schlucken müssen.

NOVEMBER
GESUNDHEIT UND GLÜCK

Lektion 1

Ihre Einstellung ist der sicherste Schlüssel zu Ihrer Persönlichkeit.

Wie Sie sich selbst sehen beeinflusst maßgeblich, wie andere Sie wahrnehmen. Sofern Sie ein zuversichtlicher, fröhlicher und positiver Mensch sind, werden sich Ihre Kollegen, Freunde und Familienmitglieder zu Ihnen hingezogen fühlen. Wenn Sie unglücklich und negativ sind und sich ständig über Ihre Situation beklagen, werden andere sich abwenden. Auch wenn Sie manchmal nicht so glücklich sind – wenn Sie sich überwinden und sich trotzdem positiv verhalten, werden Sie sich bald viel besser fühlen, weil Ihr Unterbewusstsein den Unterschied zwischen äußerlich dargestellter Emotion und echter Emotion nicht erkennt. Solange Sie sich positiv geben, werden Sie alle anderen in Ihrem Umfeld in diesem Sinne beeinflussen – auch sich selbst.

Lektion 2

Sie können nicht ändern, was andere tun, aber Sie kontrollieren Ihre eigene Reaktion darauf, und das allein zählt für Sie.

Niemand kann Ihnen irgendeine negative Emotion einflößen – Angst, Zorn oder Minderwertigkeitsgefühle –, wenn Sie es nicht zulassen. Es wird immer Menschen geben, die ein perverses Vergnügen daran finden, andere aus der Fassung zu bringen und mit ihren Gefühlen zu spielen, um Menschen für ihre egoistischen Zwecke manipulieren zu können. Ob diese Leute damit bei Ihnen Erfolg haben oder nicht, hängt ganz von Ihnen ab und wie Sie auf ihr negatives Verhalten reagieren.

Falls Sie solchen Menschen nicht ausweichen können, machen Sie sich klar, dass diese Sie aus der Fassung bringen wollen – nicht, weil Sie diesen Leuten irgendetwas angetan hätten, sondern weil diese anderen ein Problem mit sich selbst haben. Sagen Sie sich: »Das kann mir nichts anhaben. Ich lasse mich nicht von diesem Menschen irritieren. Ich habe die Kontrolle über meine Emotionen und mein Leben.«

Lektion 3

Sie können in anderen immer die Charakterzüge erkennen, die Sie suchen.

Margaret Wolfe Hungerford äußerte einmal: »Die Schönheit liegt im Auge des Betrachters.« Sie hat damit auf ihre Weise gesagt, dass wir in anderen immer das sehen, was wir sehen möchten. Jeder Mensch ist eine komplexe Kombination aus Gefühlen und Gedanken – manche gut, manche schlecht. Der Eindruck, den jemand auf Sie macht, hängt zum größten Teil von Ihnen selbst und Ihren *Erwartungen* an diese Person ab. Wenn Sie jemand positiv einschätzen, werden Sie seine guten Eigenschaften entdecken. Falls Sie das nicht glauben, werden Sie das Gute nicht sehen.

Wenn Sie selbst ein positiv gestimmter Mensch sind, sehen Sie in anderen eher die positiven Eigenschaften. Gewöhnen Sie sich an, gute und konstruktive Merkmale auch bei anderen zu sehen, während Sie eben diese Eigenschaften entwickeln, um sich zu verbessern. Leicht entdeckt man die Schwächen anderer Menschen, aber wenn Sie das Gute in ihnen erkennen und ihnen zu ihren Erfolgen gratulieren, werden Sie zuverlässige Freunde gewinnen – für gute und für schlechte Zeiten.

Lektion 4

Leute, die Aufgaben rechtzeitig und ohne Ausreden oder Klagen erledigen, sind immer rar.

Wenn Sie sich einmal die Leute an der Spitze von Organisationen ansehen, werden Sie feststellen, dass sie gerne Herausforderungen annehmen, die Initiative ergreifen und Aufgaben zu Ende bringen. Sie beschweren sich nicht und suchen nicht nach Ausreden. Diejenigen, die in ihrem Job und mit ihrer Karriere nicht weit kommen, scheinen nicht zu verstehen, dass erfolgreiche Menschen nicht erst erfolgreich werden, nachdem sie ganz nach oben gelangt sind. Sie haben es an die Spitze geschafft, weil sie sich seit langer Zeit entsprechend verhalten haben.

Auch Sie können leicht in einem Unternehmen vorankommen – wenn Sie bereit sind, den Preis dafür zu zahlen. Jeder fähige Manager wird Ihnen bestätigen, dass die wirklich gesuchten Leute selbstständig denken, die Initiative ergreifen, um unaufgefordert das Richtige zu tun, und jede Aufgabe vollenden. Sie können einer von diesen Leuten sein, wenn Sie es wollen.

Lektion 5

Wie können Sie andere richtig einschätzen, wenn Sie sich selbst nicht richtig einschätzen können?

Die Fähigkeit, sich selbst und Ihre Leistungen objektiv einzuschätzen, ist für Ihre Beziehungen mit anderen essenziell und beeinflusst Ihren Erfolg im Leben enorm. Wie können Sie erwarten, Ihre Leistungen zu verbessern, wenn Sie Ihre Stärken und Schwächen nicht aufrichtig benennen können? Erst müssen Sie wissen, wo Sie stehen, bevor Sie einen Plan entwickeln, um an Ihr Ziel zu kommen.

Wenn Sie ein unabhängiger, unbeteiligter Beobachter wären: Welchen Rat würden Sie sich geben, um Ihre Fähigkeiten, Ihre Arbeitsgewohnheiten, Ihre Interaktion mit anderen oder Ihren Beitrag im Unternehmen zu verbessern? Aufrichtig mit sich selbst zu sein, ist der erste Schritt zur Selbstverbesserung.

Lektion 6

Haben Sie den anderen übers Ohr gehauen oder sich selbst?

Falls Sie in Ihren Geschäften mit anderen unaufrichtig sind oder andere ausnutzen, betrügen Sie sich selbst mehr als diese anderen. Die anderen bereuen vielleicht eine Zeit lang, mit Ihnen Geschäfte gemacht zu haben, aber sie kommen irgendwann darüber hinweg und wenden sich anderen Dingen zu. Sie dagegen müssen mit Ihrem Verhalten den Rest Ihres Lebens zurechtkommen. In Ihrem Innersten wissen Sie, was für ein Mensch Sie in Wahrheit sind.

Jeder ist hin und wieder versucht, andere auszunutzen. Dabei denkt man sich, wenn die anderen so dumm sind, in diese Situation zu geraten, verdienen sie es nicht besser. Wenn Sie jedoch fair und aufrichtig mit jemandem umgehen, den Sie hätten ausnutzen können, macht Sie das zu einem besseren Menschen.

Lektion 7

Die vier teuersten Worte der Deutschen Sprache sind: »Ich habe keine Zeit.«

Diese Worte verursachen die verschiedensten Kosten: Sie können die Freude verlieren, Zeit mit Ihrer Familie zu verbringen. Sie können es versäumen, einen kleinen Fehler zu korrigieren, der sich später verschlimmert. Sie können die Signale Ihres Körpers ignorieren, die Ruhe oder Bewegung einfordern. Egal wie dringend es sein mag, ein vorgeblicher Zeitmangel sollte Sie nie von etwas abhalten, das Sie glücklich macht.

Es gibt viele Wege, die eigene Zeit besser zu organisieren, um frei für die Dinge zu werden, die getan werden müssen. Jeder guten Führungskraft steht ein vertrauensvoller Partner zur Seite, der in schwierigen Zeiten einen Teil der Last trägt. Und jeder Mensch ist in der Lage, positiv zu denken, um Energie zu tanken und seine Aufgaben schneller und besser zu erledigen. Wenn Sie permanent unter Zeitdruck stehen, sollten Sie vielleicht Ihren Arbeitsstil überdenken, aber lassen Sie sich niemals von einem Vorhaben abhalten, weil Ihnen ein paar Minuten fehlen.

Lektion 8

Glück vervielfacht sich, indem man es mit anderen teilt, ohne dass der Ursprung des Glücks dadurch vermindert wird. Glück ist das einzige, das sich mehrt, wenn man es verschenkt.

Mit dem Glück ist es so: Je mehr man davon verschenkt, desto mehr bekommt man. Die größten Gewinne im Leben erzielt man nicht durch ein finanzielles Vermögen, sie entspringen der Erfüllung, die man verspürt, wenn man anderen zum persönlichen Glück verhilft. Wirklich reiche Menschen wissen, wie man beides verbindet. Sie schaffen es, ihre Kunden zufriedenzustellen und gleichzeitig selbst Profit zu erwirtschaften.

Wenn Sie Ihre Arbeit begeistert angehen und entschlossen sind, den Anforderungen Ihrer Kunden zu genügen, weil diese sich für Sie als Geschäftspartner entschieden haben, werden Sie großartige Gewinne erzielen. Es gibt immer einen Bedarf an glücklichen Menschen, die ihre Freude mit anderen teilen.

Lektion 9

Ein Lächeln ist eine kleine Geste, die grosse Resultate bringen kann.

In der Welt der Tiere ist es ein sicheres Zeichen für Aggression, wenn die Zähne gezeigt werden, in der Welt der Menschen ist das Gegenteil der Fall. Nichts wirkt entwaffnender auf einen wütenden oder aggressiven Menschen als ein Lächeln, das von Herzen kommt. Es sorgt dafür, dass Sie überall willkommen sind. Wenn Sie Ihre Bitte um Hilfe mit einem aufrichtigen, freundlichen Lächeln begleiten, werden Sie bald mehr Unterstützung bekommen, als Sie brauchen.

Gewöhnen Sie sich an, anderen zuzulächeln, bis es für Sie normal wird, Menschen, denen Sie begegnen, ein freundliches Lächeln zu schenken – wenn Sie jemandem vorgestellt werden, wenn Sie einen alten Freund grüßen oder wenn Sie morgens zur Arbeit erscheinen. Achten Sie dabei auf ein echtes Lächeln. Andere erkennen schnell, wenn es aufgesetzt ist, und nichts schreckt Menschen so schnell ab wie ein gekünsteltes Lächeln ohne echte Gefühle dahinter.

Lektion 10

Glück kommt vom Handeln – nicht vom blossen Besitzen.

Es stimmt. Glück kann man nicht mit Geld kaufen. Die meisten von uns motivieren die Ansprüche an den Lebensstil, den wir uns für uns und unsere Familien wünschen, nicht der physische Besitz wie Häuser, Urlaube, Auto und Ähnliches. Wenn Sie das erkannt haben, wissen Sie, dass Sie die Messlatte immer ein Stück höher legen müssen, um sich zu noch höheren Zielen anzuspornen. Diese sollten sich auch auf Güter richten, die Sie sich wünschen, doch dabei gilt, was der frühere Chairman von Apple Computer und CEO John Sculley sagte: »Erfolg ist eine Reise, kein Reiseziel. Achten Sie also darauf, die Reise zu genießen.«

Lektion 11

Man kann das Glück nicht finden, indem man es einem anderen wegnimmt. Dasselbe gilt auch für finanzielle Sicherheit.

Nur Weniges, das Sie anderen Menschen wegnehmen, bereichert Ihr Leben. Im Allgemeinen ist das Gegenteil der Fall. Wenn Sie Reichtum und Glück mit anderen teilen, haben Sie selbst mehr von beidem. Weder Glück noch finanzielle Sicherheit sind ungeteilt von großem Wert. Man kann Glück nicht horten und aufsparen, bis man es braucht, und Sicherheit ist ein abstraktes Konzept. Wie General Douglas MacArthur einmal feststellte: »Es gibt im Leben keine Sicherheiten. Es gibt nur Chancen.« Ihr Glück und Ihre finanzielle Sicherheit müssen Sie sich selbst verschaffen, und Sie müssen diese Errungenschaften mit anderen teilen, um sie sich zu erhalten.

Lektion 12

Ein Lächeln macht Sie schöner, fördert Ihr Wohlbefinden und kostet nichts.

Vor einer Kamera ist es üblich, ein Lächeln aufzusetzen. Wir wissen instinktiv, dass wir dann anziehender und attraktiver wirken. Ihr Lächeln ruft bei anderen eine positive Reaktion hervor, darüber hinaus gibt es Ihnen ebenfalls ein besseres Gefühl. Und das ist nicht nur ein psychologischer Effekt. Experten haben herausgefunden, dass sich die Chemie des Körpers verändert, wenn man lächelt, und es stellt sich tatsächlich ein Gefühl von Glück und Wohlbefinden ein.

Wenn Sie in Ihrer Stimme ein Lächeln haben, lassen andere ihre Abwehrmechanismen fallen und öffnen sich Ihnen – ob im persönlichen Gespräch oder am Telefon. Wer beruflich viel Zeit am Telefon verbringt, weiß, dass die Gesprächspartner an der Stimme hören können, ob man lächelt. Sollten Sie den freundlichen Ton in Ihrer Stimme leicht vergessen, stellen Sie sich einen kleinen Spiegel neben Ihr Telefon, um zu überprüfen, ob Sie beim Reden lächeln.

Lektion 13

Man gewinnt jeden Menschen schneller durch Zuneigung als durch Hass.

Der beste Weg, um die Zuneigung eines Menschen zu gewinnen, ist, ihm Zuneigung entgegenzubringen. Sie werden feststellen, dass es einem Ihnen sympathischen Menschen praktisch unmöglich ist, Sie nicht zu mögen. Wir alle funktionieren einfach nicht so. Egal welche ablehnenden Gefühle andere Ihnen gegenüber hegen, sie werden sich durch eine einzige lobende Äußerung von Ihrer Seite auflösen. Wenn Sie diese Weisheit erfassen, wird jeder Mensch, den Sie treffen, zum potenziellen Freund.

Der sicherste Weg zur Zuneigung anderer besteht darin, sie auszusenden – freigiebig und bedingungslos. Falls Sie Bedingungen an Ihre Freundschaft knüpfen oder versuchen, andere aus Eigennutz auf Ihre Seite zu ziehen, werden sie die Unaufrichtigkeit schnell spüren. Doch wenn Ihre Handlungen Ihre Verbundenheit mit den anderen zeigen und Sie stets mehr zurückgeben, als Sie empfangen, gewinnen Sie Freunde fürs Leben.

Lektion 14

Wer sein Glück grosszügig teilt, besitzt immer einen grossen Vorrat davon.

Der amerikanische Schriftsteller William L. Phelps bemerkte einmal: »Echtes Glück hängt nicht von äußeren Dingen ab. Seine Quelle speist sich von innen. Das bleibende Glück entspringt aus inneren Gedanken und Emotionen. Sie müssen Ihren Geist kultivieren, um dauerhaft glücklich zu sein. Sie müssen ihn mit interessanten Gedanken und Ideen versorgen. Denn ein leerer Geist sucht das Vergnügen als Glückersatz.«

Lektion 15

Lachen Sie Sorgen einfach weg, die Sie mit gerunzelter Stirn nicht verscheuchen können.

Ein Zeitschriftenredakteur lachte sich vor ein paar Jahren buchstäblich wieder gesund. Er war wegen einer kräftezehrenden Krankheit im Krankenhaus in Behandlung und hatte starke Schmerzen, bemerkte aber, dass diese zurückgingen, sobald er fröhlich war. Deshalb verordnete er sich eine Lachtherapie, um sich selbst zu heilen. Er las Bücher mit Witzen und erzählte sie, bat Besucher, stets ein paar Witze vorzubereiten, und sah sich andauernd lustige Filme im Fernsehen an. Er gewann den Kampf gegen die Krankheit.

Nehmen Sie sich selbst nicht so ernst, dass Sie nicht über sich selbst und Ihre Situation lachen können. Sie werden Ihre zu erwartende Lebensarbeitszeit von über 80 000 Stunden (40 Wochenstunden über 40 Jahre mit je zwei Wochen Jahresurlaub) nie bewältigen, wenn Sie dabei nicht auch ein bisschen Spaß haben.

Lektion 16

Wenn Sie sich lustlos und träge fühlen, versuchen Sie es mit der Heilkraft der Natur. Essen Sie so lange nichts, bis Sie wieder Hunger haben.

Viele Experten raten zu vier kleinen Mahlzeiten am Tag, jede mit etwa den gleichen Nährwerten. Wenn Sie Ihren Konsum von Fett und Zucker beschränken, brauchen Sie sich nicht allzu viele Sorgen über Kalorien zu machen. Eine Ernährung mit dem Schwerpunkt auf Getreide, Gemüse und Obst ist leichter zu verdauen, hält den Blutzuckerspiegel stabil, zügelt den Appetit und führt zu einem höheren und konstanteren Energieniveau, weil weniger Fett eingelagert wird. Sie werden beinahe sofort mehr Energie haben, wenn Sie sich auf diese Weise ernähren.

Lektion 17

Die beste Zeit für medizinische Behandlung ist, bevor man krank wird.

Bei der Pflege der körperlichen Gesundheit spricht vieles für Präventivmaßnahmen. Viele bedrohliche Krankheiten – wie Krebs oder Herzleiden – verursacht manch ein Kranker selbst. Rauchen und schlechte Essgewohnheiten haben das Leben von Millionen von Menschen verkürzt. Leider tritt der Schaden erst nach langer Zeit ein, sodass es zu spät ist, wenn wir die Auswirkungen spüren.

Ruinieren Sie Ihre Gesundheit nicht durch schlechte Gewohnheiten. Unterlassen Sie jeden Drogenmissbrauch und ersetzen Sie schlechte Essgewohnheiten durch gesunde Ernährung und viel Bewegung. Auf diese Weise werden Sie sich nicht nur körperlich besser fühlen, sondern auch zufriedener mit sich selbst sein.

Lektion 18

Wenn Sie gesund bleiben wollen, hören Sie auf zu Essen, bevor Sie ganz satt sind.

Viele unserer schlechten Essgewohnheiten haben wir als Kinder entwickelt, als man uns aufforderte, »den Teller leer zu essen«.

Als Erwachsene hat sich jedoch unser Stoffwechsel verändert und ebenso unsere Bedürfnisse. Ausgewachsen brauchen wir wesentlich weniger Kalorien, um den Körper zu ernähren, also wird jede überflüssige Zufuhr als Fett gespeichert. Wenn wir nicht mehr in die Höhe wachsen, wachsen wir in die Breite.

Essen Sie kleinere Portionen, hören Sie damit auf, bevor Sie ganz satt sind, und kauen Sie Ihr Essen länger. Eine angenehme Begleitung beim Abendessen hilft ebenfalls. Ein lebhaftes Gespräch lenkt Ihre Gedanken vom Essen ab und Ihre Aufmerksamkeit auf das »Futter« fürs Gehirn.

Lektion 19

Grübeln Sie ständig über Ihre körperlichen Beschwerden, werden Sie immer krank sein.

Die Medizin beginnt erst, die Bedeutung der inneren Einstellung für die Erhaltung der physischen Gesundheit zu begreifen. Wenn Sie das Nötige tun, um gesund zu bleiben, und sich nicht ständig Sorgen machen, woran Ihr Körper leiden könnte, erhöhen Sie Ihre Chancen, gesund zu bleiben, weitaus eher, als mit ständigen Grübeleien über Beschwerden. Man entwickelt sich zu dem, worüber man ständig nachdenkt. Der Geist ist ein großartiges Werkzeug, das den Körper stark beeinflussen kann. Halten Sie Ihren Geist stark und gesund, und Ihr Körper wird davon profitieren.

Lektion 20

Manche Prominente unterstützen für Geld Produkte, die sie für kein Geld der Welt konsumieren würden.

Heutzutage kommt es vielleicht mehr denn je auf die richtige Einschätzung und den gesunden Menschenverstand an, wenn wir etwas entscheiden. Wir leben in einer Welt voller Werbung und leerer Versprechungen. Da sie dafür Geld bekommen, unterstützen einige berühmte Menschen Produkte, die sie niemals anfassen würden. Allerdings haben sie keinerlei Skrupel, Sie als Verbraucher zum Kauf dieser Artikel zu überreden.

Entscheiden Sie selbst, wie Sie sich ernähren; lassen Sie sich nicht von Personen beeinflussen, die Ihnen nur aus eigener Profitgier etwas verkaufen. Nahrungsmittelproduzenten müssen per Gesetz die Inhaltsstoffe ihrer Produkte offenlegen, sodass Sie Ihren Verzehr danach ausrichten können. Lesen Sie am besten alle Etiketten von Nahrungsmitteln.

Lektion 21

Reifes Obst und rohes Gemüse kann man nie zu viel essen.

Die Evolution hat uns vielleicht nicht gelehrt, die Nahrungsmittel zu lieben, die für uns am besten sind, und unser Verdauungssystem ist nach heutigem Stand noch nicht in der Lage, unsere bevorzugten Nahrungsmittel effizient zu verarbeiten. So erfordert es zum Beispiel ungeheuer viel Energie, Fleisch und andere schwere Kost zu verdauen. Diese Energie könnte ansonsten für konstruktivere Zwecke eingesetzt werden, als Nahrung zu verarbeiten. Es ist jedoch praktisch unmöglich, mehr rohes Gemüse oder reifes Obst zu essen, als gesund ist. Diese Nahrungsmittel haben nur einen geringen Fettanteil, der Körper verarbeitet sie leicht, und sie liefern Nährstoffe, die schnell Energie liefern.

Lektion 22

Sie wissen, wie Sie Ihr Auto versorgen müssen, damit es funktioniert. Lernen Sie, was Ihr Körper braucht, um gesund zu sein.

Wir erfahren viel darüber, wie Maschinen funktionieren, und welche Wartung sie brauchen, um in gutem Zustand zu bleiben. In Bezug auf unseren Körper – unsere wichtigstes Gut – achten wir kaum auf die Bedürfnisse. Doch es ist nie zu spät, etwas zu lernen. Es gibt buchstäblich Hunderte Bücher über dieses Thema. Lernen Sie alles Nötige, kümmern Sie sich um Ihren Körper, und er wird es Ihnen danken.

Lektion 23

Versuchen Sie nicht, Kopfschmerzen zu heilen. Heilen Sie lieber das, was Ihnen Kopfschmerz bereitet.

Wir beginnen erst, die weitreichenden Effekte der Ernährung in Bezug auf unsere Gesundheit und unser Wohlbefinden zu verstehen, aber wir wissen, welche Nahrungsmittel gesund sind und welche überaus schädlich. Dennoch ignorieren wir diese Kenntnisse oft, wollen lieber im Moment genießen und verschieben die Sorgen über die Konsequenzen auf später.

Wenn Sie auf Ihre Ernährung achten, können Sie andere gesundheitliche Probleme vermeiden. Experten raten von großen Mengen Koffein, Alkohol und Salz ab und empfehlen eine Ernährung mit wenig Eiweiß, wenig Fett und reichlich Kohlehydraten wie Gemüse, Getreide, Nudeln, Brot, Kartoffeln und Obst. Sie raten außerdem zu einem hohen Anteil an Nahrungsmitteln mit vielen Ballaststoffen, wie Getreide, Vollkornbrot, Kartoffeln sowie ballaststoffreichem Gemüse und Obst wie Brokkoli, Karotten, grüne Bohnen, Orangen und Erdbeeren.

Lektion 24

Achten Sie auf Ihre Essgewohnheiten und vermeiden Sie eine Arztrechnung.

Wir fangen gerade erst an zu verstehen, welche weitreichenden Auswirkungen die Ernährung auf unsere Gesundheit und unser Wohlbefinden hat, aber wir wissen, welche Lebensmittel gut für uns sind und welche eher schädlich. Dennoch ignorieren wir diese Weisheit oft und ziehen es vor, jetzt zu genießen und uns später um die Folgen zu sorgen.

Wenn Sie auf Ihre Ernährung achten, können Sie andere gesundheitliche Probleme vermeiden. Experten raten, große Mengen an Koffein, Alkohol und Salz zu vermeiden und eine eiweiß- und fettarme Ernährung mit einem hohen Anteil an Kohlenhydraten wie Gemüse, Getreide, Nudeln, Brot, Kartoffeln und Obst zu wählen. Außerdem empfehlen sie einen hohen Anteil an ballaststoffreichen Lebensmitteln wie Müsli, Vollkornbrot, Kartoffeln sowie ballaststoffreiches Gemüse und Obst wie Brokkoli, Karotten, Bohnen, Orangen und Erdbeeren.

Lektion 25

Ein grosser Appetit fördert die Gesundheit eher nicht.

Zu viel Essen ist eine weitverbreitete Ursache für ernährungsbedingte Erkrankungen. In puncto Ernährung ist weniger definitiv mehr. Das gilt vor allem für Nahrungsmittel, die raffinierten Zucker enthalten. Falls Sie es nicht schaffen, ganz auf Süßigkeiten zu verzichten, beschränken Sie Ihren Konsum zumindest auf eine oder zwei kleine Portionen in der Woche. Ihr Verdauungssystem wird mit kleinen Mengen fertig, aber machen Sie Süßigkeiten mit raffiniertem Zucker nicht zu einem regelmäßigen Teil Ihrer Ernährung.

Lektion 26

Die Zeit ist der grossartigste Arzt von allen. Wenn man ihn lässt, kann er die meisten gängigen Krankheiten heilen.

Das heißt nicht, dass Sie körperliche Probleme ignorieren sollten. Wenn mit Ihrem Körper etwas nicht stimmt, müssen Sie so schnell wie möglich herausfinden, was Ihre Beschwerden verursacht, und dann handeln, um es in Ordnung zu bringen.

Manchmal jedoch fühlen wir uns angespannt und haben Schmerzen. Der Kopf scheint zu platzen, der Magen rebelliert selbst nach Schonkost, und die Rückenschmerzen sind nicht auszuhalten. Anspannung kann der schlichte Grund dafür sein, und die Lösung ist einfach Entspannung. Nehmen Sie sich jeden Tag Zeit zum Entspannen, um in Ruhe Schönes zu betrachten. Ein paar sorglose Stunden der Freude können bei Ihren Problemen Wunder wirken und Ihnen die Energie und Perspektive zurückgeben, die Sie vermeintlich verloren haben.

Lektion 27

Wer ein Haus baut, wird immer mehr für seine Arbeit belohnt als derjenige, der es niederreisst.

In jedem Arbeitsbereich, in jeder Branche, jedem Beruf und jeder Berufung erfordert es weit mehr Kompetenz, Hingabe und Durchhaltevermögen, etwas von Wert zu schaffen, als die Werke anderer Leute zu zerstören. Die erforderliche Vision und nötigen handwerklichen Fähigkeiten, um etwas Schönes zu bauen – aus allgemein verfügbaren Materialien – verdienen weit mehr Anerkennung als die unqualifizierte Arbeit, die ein Werk zerstört. Werden Sie ein Erbauer und Schöpfer von Dingen und Ideen, kein Zerstörer. Meist ist dies eine Frage der Einstellung. Wenn Sie stets nach kreativen, fantasievollen Ideen suchen, nach besseren Wegen, die gewohnten, alten Aufgaben zu erledigen, werden Sie ein Erbauer.

Lektion 28

Wenn Sie schon nicht gewinnen, können Sie zumindest lächeln.

Mut ist das, was Ernest Hemingway als »Gnade unter Druck« beschrieben hat. Wenn Sie angesichts einer Niederlage fairen Sportsgeist an den Tag legen, haben Sie den ersten Schritt hin zum Respekt Ihrer Kollegen oder Freunde gemacht und sich selbst auf den nächsten Sieg vorbereitet. Nehmen Sie sich selbst und Ihre Situation nicht so ernst, dass Sie jemandem, der Sie vorübergehend einmal übertrumpft hat, nicht aufrichtig und mit einem Lächeln gratulieren können. Wünschen Sie ihm oder ihr alles Gute, machen Sie sich wieder daran, Ihre Fähigkeiten zu verbessern – und bleiben Sie im Spiel.

Lektion 29

Fangen Sie an, nach Krankheitssymptomen zu suchen, und die Krankheit wird sich bald zeigen.

Die Kraft der Gedanken ist wirklich unglaublich. Ihre Wirkung auf das körperliche Wohlbefinden ist derart stark, dass es Standard ist, beim Test neuer Medikamente einer Kontrollgruppe ein Placebo zu geben. Wenn Placebo-Empfänger denken, sie erhielten eine positiv wirkende Medizin, können sie dieselben Reaktionen zeigen wie Patienten, die das echte Medikament bekommen.

Nutzen Sie das Wissen über den Einfluss des Geistes auf Ihre Gesundheit zu Ihrem Vorteil, indem Sie eine gesunde Lebensweise mit einer positiven Einstellung kombinieren. Wenn Sie alles tun, um sich Ihre Gesundheit zu erhalten, wird sich Ihre Einstellung bessern, und dank einer positiven Einstellung werden Sie auch einen gesunden Lebensstil annehmen. Die Wirkung ist ein Synergieeffekt zwischen physischer und psychischer Gesundheit. Der eine Bereich unterstützt den anderen.

Lektion 30

Wenn Ihr Denken Sie krank machen kann, beachten Sie, dass es Sie auch zu heilen vermag.

Ein gesunder Körper ist ohne einen gesunden Geist nicht denkbar, und man kann kaum positiv denken, wenn man krank ist. Wechseln Sie ab zwischen Arbeit und Freizeit, geistiger Anstrengung und körperlicher Aktivität, Sport und Pausen oder Entspannung sowie Essen und Fasten. Und gleichen Sie Ernsthaftigkeit mit guter Laune aus.

Dezember
GLAUBE UND HOFFNUNG

Lektion 1

Das Unglück mischt sich selten unter jene, deren Leibwächter Hoffnung und Glaube sind.

Haben Sie sich je gefragt, warum manche Menschen ein geborgenes Leben zu führen scheinen, und sich bei ihnen immer alles zum Besten fügt? Wenn Sie genauer hinsehen, stellen Sie vielleicht fest, dass der Schein trügt. Vermutlich haben sie ebenso viele Probleme, Rückschläge und Misserfolge erlebt wie andere. Sie gehen nur anders damit um. Sie verlieren nicht die Hoffnung, nur weil sie Pech hatten. Sie glauben fest daran, dass sich alles immer zum Besten fügen wird. Falls Sie gerade im Unglück feststecken, mag es schwer zu akzeptieren sein, aber wenn Sie sich weigern, die Niederlage anzunehmen, wird am Ende der Erfolg eintreten. Solange Sie glauben und hoffen, können Sie jedes Missgeschick überwinden.

Lektion 2

Der Glaube braucht ein Fundament. Die Angst existiert auch ohne Fundament.

Für jede Religion ist der Glaube essenziell. Falls Sie Ihren Zynismus und Unglauben nicht aufgeben, ist es einfach unmöglich, die Existenz eines höheren Wesens zu akzeptieren. Dasselbe gilt auch für den Glauben an sich selbst, Ihre Fähigkeiten und den Gott, zu dem Sie beten. Sie benötigen ein Fundament des Glaubens, um sich und Ihre Überzeugungen zu untermauern. Wenn Ihre Basis stark ist, können Sie die Ängste, die Ihren Glauben untergraben wollen, schnell zerstreuen.

Ist Ihr Fundament nicht auf dem Verständnis Ihrer Glaubensprinzipien aufgebaut, können die Stürme des Zweifels und der Angst, die uns alle von Zeit zu Zeit anfallen, es zerstören. Es wichtig zu wissen, was Sie glauben, und warum Sie glauben. Auf diese Weise kann nichts Ihr Fundament erschüttern.

Lektion 3

Ein freier Mann fürchtet nichts.

Es gibt kein Hindernis, das Sie nicht überwinden könnten, solange Sie frei sind. Wenn Sie frei sind, jede gewünschte Alternative zu wählen, gibt es nur noch die Beschränkungen, die Sie sich selbst auferlegen. Die Vereinigten Staaten haben einen Bürgerkrieg überlebt, zwei Weltkriege, die Große Depression, den Rücktritt eines Präsidenten und Anschläge auf sämtliche staatliche Institutionen. Wir haben es geschafft, weil unsere demokratische Regierungsform auf dem Glauben an das Gute im Menschen basiert. Es ist ein System, das auf Optimismus und Hoffnung beruht, nicht auf Tyrannei und Unterdrückung. Halten Sie Ihre Freiheit in Ehren, feiern Sie Ihren Patriotismus und Ihre Loyalität. Seien Sie stolz darauf, am großartigsten Experiment der Welt teilzuhaben – der Demokratie!

Lektion 4

Sie können nicht vollkommen frei sein, solange Sie nicht vollkommen ehrlich mit sich selbst sind.

Selbsttäuschung ist der heimtückische Krebs des Geistes. Solange Sie versuchen, sich selbst zu täuschen, wer Sie sind und wofür Sie stehen, sind Sie in einem selbst gebauten Gefängnis gefangen. Sie können Ihr Potenzial nicht erkennen, solange Sie sich nicht so annehmen, wie Sie sind, und anfangen, sich zu der Person zu entwickeln, die Sie werden wollen. Der lebenslange Prozess des persönlichen Wachstums fängt mit dem Bekenntnis zur Ehrlichkeit an – sich selbst gegenüber.

Falls Sie Ausreden erfinden und etwas unterlassen, wozu Sie in der Lage wären, errichten Sie eine weitere Barriere für Ihren Erfolg. Solange Sie Ihre Kapazitäten nicht vollkommen erkennen – und ehrlich zu sich sind –, werden Sie niemals frei sein, um irgendein Ziel zu verfolgen. Sie werden von selbst geschaffenen Zweifeln und Ängsten zurückgehalten, weil Sie sich weigern, Ihre Leistungen ehrlich einzuschätzen.

Lektion 5

Der Glaube wird nicht Ihre Wünsche erfüllen, aber er wird Ihnen den Weg zum Ziel weisen.

Das amerikanische Wörterbuch *Merriam-Webster's Collegiate Dictionary* definiert den Glauben als »das feste Vertrauen auf die Wahrheit, auf Werte oder die Vertrauenswürdigkeit eines Menschen, einer Idee oder einer Sache, eine Überzeugung, die nicht auf logischen Beweisen oder materiellen Indizien beruht«. Der Glaube ist eine unantastbare, abstrakte Idee, eine Bereitschaft, etwas zu akzeptieren, das noch nicht bewiesen ist – und es vielleicht nie sein wird. An Ihre Fähigkeit zu glauben, wird Sie noch nicht an Ihr Ziel bringen, jedoch Ihnen den Mut verleihen, das Nötige zu tun, um Ihr Ziel zu erreichen.

Manchmal in Ihrem Leben werden Sie nicht beweisen können, dass Ihr Glaube an Sie selbst gerechtfertigt ist. Allein aufgrund Ihrer Intuition müssen Sie akzeptieren, dass Sie zu etwas Großartigem fähig sind. Sie werden zweifellos enttäuscht von sich selbst sein, wenn Sie Ihre eigenen Erwartungen nicht erfüllen. Aber wenn Sie nicht an sich selbst glauben, werden Sie niemals an Ihr Potenzial herankommen … weil Sie nicht bereit sind, es zu versuchen.

Lektion 6

Ein Mensch, der mit sich selbst im Frieden ist, ist auch mit der Welt im Frieden.

Der Friede wird einem nicht einfach geschenkt, sondern kann nur von innen kommen. Inneren Frieden zu erreichen, ist eine lebenslange Aufgabe. Die Welt um Sie herum verändert sich, und die Beziehungen zu anderen entwickeln sich weiter, und das bringt Ihr Gefühl von Sicherheit ins Wanken. Veränderung – vor allem im großen Umfang – ist immer bedrohlich. Sie gehen mit der Unbeständigkeit des Lebens weitaus effektiver um, wenn Sie an den Herausforderungen wachsen. Während Sie sich weiterentwickeln, achten Sie darauf, dass Ihre Selbstoptimierung Nahrung für die Seele, den Körper und den Geist enthält.

Lektion 7

Nur mit innerer Ruhe sind Sie frei.

Innere Ruhe ist befreiend. Sofern Sie an sich glauben und auf sich vertrauen und dieser Glaube und dieses Vertrauen auf einer realistischen Einschätzung Ihrer Fähigkeiten beruhen, Ihr großes Ziel zu erreichen, können externe Kräfte Ihre heitere Gelassenheit nicht ins Wanken bringen. Sie werden überzeugt sein, dass Ihr Glaube an sich selbst gerechtfertigt ist, und frei sein, jedes Ziel zu verfolgen, solange es nicht gegen die Gesetze Gottes oder die Rechte Ihres Nächsten verstößt.

Zu Ihrer spirituellen Nahrung sollte das Lesen und Studieren der Werke der großen Schriftsteller und Philosophen gehören. Die großartigen Gedanken führender Denker der Geschichte zu beherzigen, hilft Ihnen, sich Ihrer Gefühle und Überzeugungen bewusst zu werden, und wird Sie befähigen, ein tiefgründiges, erfülltes Leben zu führen. Nur wenn Ihre Überzeugungen auf Studium und Selbsterkenntnis beruhen, entwickeln Sie die intellektuelle Sicherheit, die zur inneren Ruhe führt.

Lektion 8

Die großartigsten und effektivsten Gebete drücken unsere Dankbarkeit für die Gaben aus, die wir bereits empfangen haben.

Das Gebet ist der aktive Ausdruck des Glaubens, und es verbindet uns mit der Weisheit der Unendlichkeit. Die Kraft des Gebets wird Sie in schweren Zeiten unterstützen und Ihnen auch helfen, mit Erfolg positiv umzugehen. Wenn Sie beten, bitten Sie nicht um mehr materiellen Besitz. Besser ist es, um die Weisheit zu bitten, den bereits vorhandenen Besitz mehr zu schätzen und nutzen. Auf diese Weise öffnen Sie Ihren Geist für die großartige Kraft, die Ihnen zur Verfügung steht, die Höhere Kraft, auf die jeder hilfsbedürftige Mensch zurückgreifen kann.

LEKTION 9

ES IST BESSER, FÜR DIE BEREITS EMPFANGENEN GABEN ZU DANKEN, ALS UM NOCH MEHR ZU BETEN.

Die Kraft des Gebets wurde seit den Anfängen der Religion von Theologen ebenso wie von Nichtgläubigen diskutiert und bis ins Kleinste zerlegt. Für die Gläubigen ist das Gebet der direkte Draht zu Gott; für die Nichtgläubigen ist es vielleicht nicht mehr als eine Methode, seine Gedanken zu organisieren und sich Ziele zu setzen. Egal was Sie unter Beten verstehen, es ist Ihre Verbindung mit der mysteriösen Kraftquelle jenseits der physischen Welt.

Lassen Sie keinen Tag ohne ein Dankgebet für die erhaltenen Gaben verstreichen, egal wie wenig es sein mag. Und bemühen Sie sich jeden Tag, etwas Zeit und Energie zu nutzen, um anderen zu helfen. Bedenken Sie auch, dass kein Problem einzigartig oder neu ist. Sie können jederzeit Rat oder Hilfe suchen. Und Sie sind nie allein. Eine höhere Macht ist immer mit Ihnen. Lernen Sie, ihr zu vertrauen.

Lektion 10

Gebete, die in Angst oder Zweifel gesprochen werden, bringen nur negative Ergebnisse hervor.

Vor einigen Jahren führte der Harvard-Professor Robert Rosenthal eine Studie durch, bei der er Grundschullehrern erzählte, dass manche ihrer Schüler (die tatsächlich zufällig ausgesucht wurden) hochbegabt seien. Im Laufe des Jahres entwickelten 47 Prozent der Kinder, die die Lehrer für hochintelligent hielten, 20 zusätzliche IQ-Punkte. Rosenthal nannte das Phänomen die »selbsterfüllende Prophezeiung«.

Falls Sie anzweifeln, ob Ihre Gebete sich erfüllen werden, könnten Sie das Phänomen der selbsterfüllenden Prophezeiung erleben. Der Geist reagiert negativ auf negative Information. Verorten Sie Ihre Gebete immer in einem positiven Kontext. Wenn Sie zum Beispiel die Angst besiegen wollen, beten Sie nicht um Hilfe, um mit der Angst zurechtzukommen. Fassen Sie Ihr Gebet stattdessen positiv, indem Sie darum bitten, Mut entwickeln zu können.

Lektion 11

Die Dankbarkeit für bereits vorhandene Gaben ist die tiefste Form des Gebets und unvergleichlich kostbar.

Gewöhnen Sie sich an, jeden Tag ein paar Minuten innezuhalten – zum Beispiel bevor Sie abends zu Bett gehen – um Dank zu sagen. Wenn Sie beten, bitten Sie nicht um weitere Zuwendungen, sondern stattdessen um Weisheit und Verständnis, Ihre erhaltenen Gaben besser zu nutzen. Bitten Sie auch um die Fähigkeit, in den Herzen Ihrer Mitmenschen einen größeren Platz einzunehmen, indem Sie ihnen morgen mehr und besser dienen als am heutigen Tag.

Lektion 12

Die fünf uns bekannten festen Grössen des Universums sind Zeit, Raum, Materie, Energie und die unendliche Intelligenz, die ihnen Ordnung verleiht.

Reverend Bernhardt Fraumann, ein presbyterianischer Pfarrer und Kolumnist des Newsletters von *Denke und werde reich*, glaubt, die Ordnung des Universums sei eines der bedeutendsten Argumente für die Existenz Gottes. Das Universum ist einfach zu kompliziert aufgebaut, um aus Zufall entstanden zu sein. Er sagt, die Herrlichkeit des Universums sei bereits der schlagende Beweis dafür, dass »Gott dabei mitmischt«. Wir mögen die Komplexität der Unendlichen Intelligenz nicht verstehen, aber wir können diese spirituelle Kraft anzapfen und in unserem Leben für das Gute nutzen.

Lektion 13

Die Träume von heute werden morgen zur Realität. Belächeln Sie nicht den praktischen Träumer, denn er oder sie ist der Vorläufer der Zivilisation.

Bei einem kürzlichen Treffen von Science-Fiction-Autoren kämpften die versammelten Schriftsteller mit einem interessanten Problem. Jahrelang war es Konsens, dass ein guter Science-Fiction-Autor sich Entwicklungen vorstellte, die in etwa 30 Jahren möglich sein könnten. Doch heutzutage schreitet die Technologie so schnell voran, dass selbst die fantasievollsten Autoren diesem Anspruch angesichts der aktuellen Möglichkeiten nicht mehr entsprechen können.

Wenn Sie bedenken, was in Ihrem Geschäftsbereich oder Ihrem Fachgebiet machbar ist, nehmen Sie sich etwas Zeit, um »weiterzuspinnen«. Was könnte möglich sein, wenn die Faktoren, die momentan den Fortschritt bremsen, beseitigt würden? Welche Trends könnten Ihren Geschäftsbereich oder die Einstellung Ihrer Kunden betreffen? Wie können Sie in Ihrem Beruf an vorderster Front bleiben? In Ihren Antworten könnten Sie die Innovationen von morgen aufspüren.

Lektion 14

So etwas wie Glück oder Pech gibt es nicht. Alles hat eine Ursache, die eine entsprechende Wirkung hervorbringt.

Es gibt nur wenige absolute Größen im Leben. Praktisch jede Ihrer Handlungen kann sich auf Sie und andere auswirken, entweder gut oder schlecht, positiv oder negativ, je nachdem, wie die Bedingungen sind. Eine Handlung, die in einer Situation völlig angebracht ist, kann zu einer anderen Zeit und an einem anderen Ort total unangemessen sein. Ob Sie Glück oder Pech haben, hängt weit mehr von Ihrer Reaktion auf die Umstände ab als von den Umständen selbst.

W. Clement Stone hat oft gesagt, dass positives Denken unter allen Umständen angebracht ist. Es ist eine Haltung des »In der Lage seins«, die sich in positiven Handlungen äußert, die fast immer positive Ergebnisse hervorbringen. Wenn Sie positiv gestimmt agieren, werden Sie auch Glück haben, falls die Ergebnisse nicht die erwarteten oder zunächst angestrebten sind. Positives Handeln erzeugt am Ende immer positive Ergebnisse.

Lektion 15

So etwas wie passiven Glauben gibt es nicht. Tätig werden ist die erste Voraussetzung für den Glauben. Worte allein helfen nicht.

Der »angewandte Glaube« bedeutet, Ihren Glauben für sich, Ihre Mitmenschen, die Chancen im Leben und Gott zu nutzen – egal unter welchen Umständen. Angewandter Glaube gehört unabdingbar zum Erfolg. Ohne den Glauben an sich selbst wären Sie nicht bereit, irgendetwas anzugehen, und ohne den Glauben an Ihre Mitmenschen wären Sie nicht in der Lage, das nötige Vertrauen und die erforderlichen Beziehungen aufzubringen, um mit anderen Geschäfte zu machen. Vielen Menschen bietet der Glaube an Gott tiefen Sinn und einen Lebenszweck.

Lektion 16

Veränderung ist die einzige Konstante im Universum. Nichts bleibt auch nur zwei Tage lang gleich.

Der römische Philosoph Plinius der Ältere schrieb im ersten Jahrhundert: »Die einzige Sicherheit im Leben ist, dass nichts sicher ist.« Schon bevor diese Worte aufgeschrieben wurden, verweigerten sich die Menschen der Veränderung, analysierten sie und versuchten, sie zu kontrollieren – ohne großen Erfolg. Um in der heutigen schnelllebigen Hightech-Welt erfolgreich zu sein, bedarf es mehr als der Bereitschaft, Veränderung zu akzeptieren; wir sollten sie enthusiastisch begrüßen. Alvin Toffler schrieb 1970 in seinem Bestseller *Future Shock (Deutsch: Der Zukunftsschock)*: »Im Informationszeitalter werden diejenigen erfolgreich sein, die, anstatt sich gegen die Veränderung aufzulehnen, sich darauf freuen und sie bereitwillig begrüßen.«

Lektion 17

Die Sorgen von heute können morgen wertvolle Erfahrungen sein.

Wie seltsam uns manche unserer Ängste im Rückblick erscheinen. Mit den Problemen, die uns damals so gigantisch vorkamen, wurde man irgendwie fertig, und wir wandten uns produktiveren Dingen zu. Oft stellen wir später sogar fest, dass unsere Ängste in diesen schrecklichen, traumatischen Stressmomenten stark übertrieben waren. Mit der Zeit erkennen wir, dass uns eben diese Erfahrungen uns selbst näher brachten und wir lernten, worum es im Leben eigentlich geht.

Zum Erwachsenwerden gehört es, zu erkennen, dass vieles selten so schlimm ist, wie es zunächst erscheint. Die Erfahrung lehrt uns, dass wir stets eine Lösung für ein Problem finden können, wenn wir uns die Zeit nehmen, die Situation zu analysieren und angemessen zu reagieren. Wenn unsere Sorgen von unserer eigenen Unsicherheit und dem Gefühl von Unzulänglichkeit herrühren, können wir neues Selbstvertrauen entwickeln, indem wir das Nötige zur Problemlösung tun, unsere Fähigkeiten ausbauen und unsere Leistungen verbessern.

Lektion 18

Sorgen können Sie schneller umbringen als Arbeit.

Sich Sorgen zu machen ist eine überaus nutzlose Angewohnheit. Der Komiker Will Rogers stellte einmal fest: »Sorgen sind wie ein Schaukelstuhl. Man ist ständig beschäftigt, aber man kommt nirgendwo hin.« Sorgen lösen keine Probleme; sie machen Ihnen nur zusätzlichen Druck. Hätten Sorgen so etwas wie einen positiven Effekt, bestünde er darin, potenzielle Probleme positiv anzugehen, indem man sie sich im Vorfeld vorstellt und dann Lösungen sowie Alternativen dafür entwickelt. Wenn Sie zum Beispiel vor einem Problem stehen, das sich in mehrere verschiedene Richtungen entwickeln könnte, entwerfen Sie einen Entscheidungsbaum mit einem Aktionsplan für jede Option. Wenn Sie mit sorgfältiger Planung auf jedes Problem reagieren, müssen Sie Ihre Zeit nicht mit unproduktiven, unnötigen Sorgen verschwenden.

Lektion 19

Hören Sie niemals auf einen zweifelnden Thomas, wenn Sie nicht selbst einer werden möchten, denn Zweifel ist ansteckend.

Wir alle geraten schnell ins Zweifeln. Obwohl wir uns tapfer bemühen, unsere Zweifel und Unsicherheiten zu überwinden, schleichen sie sich doch immer wieder unmerklich in unser Denken ein. Eine negative Äußerung eines anderen reicht manchmal, um unsere unterdrückten negativen Gefühle hervorzurufen und eine Welle von grundlosen Ängsten auszulösen. Positives Denken muss man lernen, es ist zerbrechlich und meist konträr zu allem, was um uns herum gesagt und getan wird. Üben Sie sich ständig darin.

Lektion 20

Die meisten Probleme sind nicht halb so schlimm, wie sie zunächst scheinen.

Viele schlaflose Nächte haben Menschen schon über Problemen verbracht, die sich bei Tageslicht betrachtet als völlig unbedeutend herausstellen. Im Dunkel der Nacht oder wenn wir allein sind, scheinen uns die Dinge immer besonders schlimm zu sein. Zu solchen Zeiten neigt der Verstand dazu, die Umstände zu übertreiben, bis wir überzeugt sind, dass die Lage weit schlimmer ist, als sie es tatsächlich ist. Verschwenden Sie nicht Ihre wertvolle Energie mit sinnlosen Sorgen, verwenden Sie sie lieber, um das Problem zu lösen.

Wenn Sie schlecht schlafen, weil Ihre Sorgen Sie wachhalten, legen Sie sich einen Notizblock ans Bett. Anstatt zu grübeln, was zu tun sei, oder sich mit einem Problem herumzuquälen, dessen Lösung Ihnen nicht einfällt, listen Sie alle möglichen Aktivitäten für den nächsten Tag auf, um die Situation anzugehen. Sie werden feststellen, dass es viel leichter ist, die Probleme dem Notizbuch zu überlassen, als die ganze Nacht lang darüber nachzugrübeln.

Lektion 21

Wenn Sie zu beschäftigt sind, um Ihre Zeit den Sorgen zu widmen, werden diese aufgeben und verschwinden.

Sorgen sind ein Begleiter wie jeder andere – wenn Sie ihnen keine Zeit widmen, bleiben sie nicht lange in Ihrer Nähe. Wenn Sie mit positiven, konstruktiven Aktivitäten beschäftigt sind und Ihnen keine Zeit für Sorgen bleibt, befinden Sie sich schon auf der Erfolgsleiter.

Damit wollen wir Ihnen nicht raten, Probleme einfach zu ignorieren. Wir raten Ihnen nur, die Probleme nicht so schwerzunehmen, dass Sie gelähmt und unfähig zum konstruktiven Handeln sind. Wenn Sie merken, dass Ihre Sorgen Sie nachts wachhalten, erinnern Sie sich an eine Stammtischweisheit: Die beste Art, Probleme zu besiegen, ist, sie totzuarbeiten.

Lektion 22

Wenn ich einen Wunsch frei hätte, würde ich um mehr Weisheit bitten, die vielen Vorteile geniessen zu können, die mir ein Leben in einer modernen Demokratie bietet.

Jemand sagte einmal, Demokratie sei ähnlich, wie Wurst zu machen. Es ist nicht besonders schön anzuschauen, aber alles was zählt, ist das Ergebnis. Wir können uns glücklich schätzen, dass die Gründer unseres Landes gebildet waren und selbst Unterdrückung erlitten hatten. Sie waren entschlossen, ein demokratisches System zu errichten, das eine offene und aufrichtige Analyse der öffentlichen Politik erlaubt und so letztlich zu Entscheidungen zum Wohl der meisten Menschen führt.

Wir sind mit einer Demokratie und einer freien Marktwirtschaft gesegnet, die andere Länder überall auf der Welt ebenfalls gerne genießen würden. Wenn Sie das nächste Mal in einem Gespräch erleben, wie Menschen unsere Regierungsform kritisieren, legen Sie ein gutes Wort für Amerika ein. Erinnern Sie Ihr Gegenüber an das Glück, in einem Land zu leben, wo wir unsere Politiker offen kritisieren, miteinander debattieren und letztlich zu einer Lösung zum Wohle aller gelangen können.

Lektion 23

Glauben kann man nicht herstellen, aber jeder, der dafür offen ist, kann ihn empfangen.

In manchen Religionen heißt es »das Geschenk des Glaubens«, ein Geschenk von Gott an jene, die es empfangen möchten. Wenn Sie den Glauben akzeptieren, auch wenn er nicht logisch oder rational erklärbar ist, werden Ihnen die Segnungen dieses Glaubens zufallen. Wenn Sie zu glauben beginnen, stellt sich ein wunderbares Gefühl von Zufriedenheit und Wohlbefinden ein, das aus dem Wissen kommt, dass eine Höhere Macht für Sie da ist, wann immer Sie sie brauchen.

Sie üben Ihren Glauben im Rahmen Ihrer Religion aus, indem Sie die Doktrin Ihrer Kirche, Synagoge oder Moschee akzeptieren – auch wenn die Existenz Gottes nicht empirisch zu beweisen ist. Sie zeigen Ihren Glauben auch, indem Sie einem Partner vertrauen, dass er bei einem Geschäft sein Versprechen einhalten wird. Zudem demonstrieren Sie Ihren Glauben an sich selbst immer dann, wenn Sie zum ersten Mal etwas völlig Neues tun.

Lektion 24

Der Glaube verringert sich nicht durch Anwendung, sondern vergrössert sich.

Genau wie Ihr Körper und Geist wird Ihr Glaube stärker, wenn Sie ihn trainieren. Bei Ihrem ersten »Sprung in den Glauben« mögen Sie noch etwas unsicher sein. Es ist nicht leicht, eine abstrakte Idee als Tatsache zu akzeptieren oder etwas zu versuchen, wenn Sie das Ergebnis noch nicht kennen. Wenn Sie jedoch glauben, werden Sie feststellen, dass Sie alles schaffen werden, solange Ihre Sache gerecht ist und Sie den Glauben an Gott, andere Menschen und sich selbst beibehalten.

Sie werden Augenblicke der Unsicherheit erleben, in denen Sie sich Ihrer selbst nicht sicher sind und nicht wissen, was zu tun ist. Vertrauen Sie dann Ihrem Bauchgefühl. Es ist nicht wichtig, ob Ihre Intuition von der Unendlichen Intelligenz kommt oder ob es die Summe Ihres Wissens und Ihrer Erfahrung ist. Wichtig ist nur das Wissen, diese Macht nutzen zu können.

Lektion 25

Das grösste aller Wunder ist die Macht des einfachen Glaubens.

Weil der Glaube ein wesentliches Element des Christentums ist, ist das Neue Testament voll von Hinweisen auf seine Macht. Im Matthäusevangelium erklärt Jesus den Ungläubigen, wenn sie nur »so viel Glauben hätten wie ein Senfkorn«, wären sie in der Lage, Berge zu versetzen, und mittels Glauben wäre ihnen nichts unmöglich. Im Markusevangelium sagt er zu den Gläubigen, dass »dem, der glaubt, alle Dinge möglich sind«. In Bibelkursen wird der Glaube definiert als »die Substanz der Dinge, die man sich erhofft, der Beweis der Dinge, die man nicht sieht«. Kurz, der Glaube ist der aktive Ausdruck der Bereitschaft, an etwas nicht Beweisbares zu glauben. Das ist in der Tat ein Wunder.

Lektion 26

Angst ist die teuerste menschliche Emotion, auch wenn es für die meisten Ängste keinen wirklichen Grund gibt.

Die größten Feinde des Erfolgs sind Unentschlossenheit, Zweifel und Angst. Solange Sie Zweifel und Ängste plagen, werden Sie unentschlossen sein, und Unentschlossenheit ist der Keim der Furcht. Sie kristallisiert sich zum Zweifel, und die beiden erschaffen zusammen die Angst. Diese Feinde sind besonders gefährlich, weil sie langsam keimen und im Verborgenen wachsen.

Zwischen Ihnen und dem Erfolg können sieben Grundformen der Angst stehen: Angst vor Armut, vor Kritik, vor Krankheit, vor dem Verlust von Liebe, vor dem Verlust von Freiheit, vor dem Alter und vor dem Tod. Weil der Geist alle Gedanken realisieren will, müssen Sie Ihre absolute Macht über Ihren Verstand nutzen, um solche negativen Impulse zu beseitigen und sie durch positive Gedanken zu ersetzen. Indem Sie Ihre Gedanken beherrschen, beherrschen Sie Ihre Ängste.

Lektion 27

Gehen Sie mit einem Gebet zu Bett, stehen Sie mit einem Lied auf den Lippen wieder auf, und Sie werden sehen, wie gut Ihnen die Arbeit von der Hand geht.

Die Religion verleiht Ihrer Existenz eine Perspektive, und sie hilft Ihnen auch, die richtige Einstellung zu entwickeln, um die Segnungen des Lebens für sich und Ihre Familie zu empfangen. Indem Sie die Kraft des Gebets nutzen, um sich mit dem Höheren Wesen zu verbinden, lernen Sie, Ihren höheren Instinkten zu vertrauen und öffnen sich dem spirituellen Wachstum. Wenn Sie jeden Abend für Ihre Segnungen danken und jeden neuen Tag mit einem Lied begrüßen, werden Sie in der Lage sein, mit allen Umständen des Lebens umzugehen.

Lektion 28

Würden Sie im Himmel gerne nach demselben Massstab beurteilt werden, mit dem Sie Ihre Mitmenschen beurteilen?

Es ist einfach, sich selbst mit einem anderen Maßstab zu messen als alle anderen. Eines der grundlegendsten biblischen Konzepte ist die Ermahnung, erst einmal eine Meile in den Schuhen eines anderen zu laufen, bevor man ihn oder sie kritisiert. Wenn Sie einen Kollegen oder ein Familienmitglied kritisieren wollen, halten Sie einen Moment inne und fragen Sie sich: Wie steht es um mich selbst? Kritisiere ich diesen Menschen für ein Verhalten, das ich manchmal selbst an den Tag lege? Liegt der andere falsch, nur weil er manchmal anders handelt, als ich es tun würde? Wenn Sie die Herangehensweise eines anderen näher betrachten, könnten Sie auch etwas dazulernen.

Lektion 29

Hoffnung und Angst vertragen sich nicht.

Hoffnung und Angst sind gegensätzliche Emotionen; solange Sie Hoffnung haben, können Sie jede Angst überwinden, die Sie befällt. Die Hoffnung gibt Ihnen den Mut, in schweren Zeiten durchzuhalten und die Grenzen Ihrer Leistungsfähigkeit nach oben zu verschieben. Der Psychiater und Autor Karl Menninger sagte: »Die Hoffnung ist bescheiden, demütig, selbstlos; ihr wohnt Fortschritt inne; sie ist ein Abenteuer, ein Voranschreiten – eine zuversichtliche Suche nach einem lohnenswerten Leben.«

Hoffnung folgt aus positiver Erwartung. Wenn Sie die Möglichkeiten im Sinne positiver Leistungsbereitschaft betrachten, wird sich die Hoffnung sicher einstellen. Wenn Sie bei jedem Vorhaben Erfolg erwarten, bauen Sie das nötige Selbstvertrauen auf, um sicher und schnell zum Ziel Ihrer Wünsche zu gelangen. Wenn sie Verzögerungen, Rückschläge und zeitweilige Misserfolge erleben, verleiht Ihnen die Hoffnung den Mut, durchzuhalten, bis Sie die Zweifel und Ängste überwunden haben, die uns alle von Zeit zu Zeit plagen.

Lektion 30

Das Leben ist niemals süss zu denjenigen, die sauer auf die Welt sind.

Sie können vom Leben erwarten, direkt proportional so viel zu bekommen, wie Sie investieren. Wenn Sie positive Gedanken und Taten säen, werden Sie reiche Ernte einfahren. Wenn Sie aber Hass und Unzufriedenheit säen, können Sie sich auf ein entsprechendes Ergebnis gefasst machen. Wenn Sie mit Murren nur das erbringen, was Sie geben müssen, bekommen Sie auch nur das, was andere Ihnen gezwungenermaßen geben.

Sie können sich bewusst entscheiden, ein positiver, rücksichtsvoller und aktiver Macher zu sein, der etwas bewirkt, oder Sie können sich entschließen, zu warten, nur zuzusehen und dabei alt und verbittert zu werden. Falls Sie jedoch in einer negativen Einstellung versinken, merken Sie vielleicht den angerichteten Schaden gar nicht, bis es zu spät ist. Wenn Sie sich entscheiden, glücklich und erfolgreich zu sein, werden Sie Glück und Erfolg anziehen; niemand zwingt Sie, negativ gestimmt zu sein und sich auf Misserfolg einzustellen. Beides kommt ohnehin von selbst.

Lektion 31

Nur eines wird Ihnen Liebe bringen: Liebe.

Die Liebe ist eines der großen Mysterien des Lebens. Es ist unmöglich, die Glückseligkeit zu beschreiben, die man durch Liebe empfindet, und Worte allein reichen nicht, um die intensive Emotion zu beschreiben, wenn man sich geistig und physisch mit einem anderen Menschen verbindet. Wie könnte man das unbeschreibliche Gefühl in Worte fassen, wenn man sein eigenes Kind zum ersten Mal im Arm hält? So ist es im Reich der Liebe.

So wie die Freundschaft kann man echte Liebe nicht empfangen, wenn man sie nicht zuerst schenkt. In der Liebe liegt auch immer ein Risiko. Wenn Sie einen anderen Menschen lieben, hoffen Sie, dass Ihre Liebe angenommen und erwidert wird. Doch falls Sie nicht bereit sind, selbst zuerst Liebe zu schenken, werden Sie die Freude, bedingungslose, großzügige, verständnisvolle Liebe zu empfangen, niemals erfahren. Wenn Sie zu viel lieben, können Sie verletzt werden, aber falls Sie zu wenig lieben, werden Sie ein armseliges Leben führen.

Über die Autoren

NAPOLEON HILL wurde in einer kleinen Hütte am Pound River in Wise County, Virginia, geboren. Mit 13 Jahren begann er seine schriftstellerische Karriere als »Bergreporter« für Kleinstadt-Lokalzeitungen und entwickelte sich zum ersten amerikanischen Autor, der eine strukturierte Philosophie des persönlichen Erfolgs veröffentlichte. Seine Motivationsbücher sind die meistverkauften aller Zeiten. Sein Buch *Denke nach und werde reich* erzielte über 20 Millionen Verkäufe und wurde in mehrere Sprachen übersetzt. Hill starb 1970 im Alter von 87 Jahren in South Carolina.

W. CLEMENT STONE war Versicherungsmogul, Philanthrop und Geschäftspartner von Napoleon Hill. Er ist Koautor von Napoleon Hill bei dem Buch *Mit Positivem Denken zum Erfolg* und Autor des Buchs *Der unfehlbare Weg zum Erfolg*. Er war Präsident der Napoleon Hill Foundation.

MICHAEL J. RITT, JR. war von 1952 bis 1962 Sekretär und Office Manager bei Napoleon Hill sowie Sekretär, Schatzmeister und Executive Director der Napoleon Hill Foundation. Ebenso war er Schriftsteller und erstellte Audio-Aufnahmen von Napoleon Hill, Motivationsprodukte, Kalender, Bücher, Kurse und den Newsletter für *Denke nach und werde reich*.

SAMUEL A. CYPERT war Redakteur und Herausgeber des Newsletters für *Denke nach und werde reich*, einem monatlich erscheinenden Newsletter auf der Grundlage der Erfolgsprinzipien, die Napoleon Hill in seinen Bestsellern beschrieb. Er ist Autor mehrerer Bücher über persönlichen Erfolg, unter anderem von *Believe and Achieve: W. Clement Stone's Seventeen Principles of Success, The Success Breakthrough* und *The Power of Self-Esteem*. Er begann seine schriftstellerische Karriere als Redakteur eines Wochenblatts in seinem Heimatstaat Oklahoma und lebte zuletzt mit seiner Familie in Birmingham, Michigan.

Think and Grow Rich – Deutsche Ausgabe

Napoleon Hill

Über einen Zeitraum von mehr als 20 Jahren interviewte der blutjunge Napoleon Hill mehr als 500 Millionäre, unter ihnen die mächtigsten und einflussreichsten Persönlichkeiten seiner Zeit wie Thomas Edison, Alexander Graham Bell, Henry Ford, John D. Rockefeller oder Theodore Roosevelt. Die Essenz seiner Studien ist in
dieses Buch eingeflossen. Herausgekommen ist eine ebenso zeitlose wie überzeugende Anleitung für persönlichen Erfolg, in der Napoleon Hill zeigt, wie man in nur 13 Schritten sein Leben verändern kann – das womöglich wichtigste Finanzbuch, das jemals geschrieben wurde.
Mit über 60 Millionen verkauften Exemplaren gehört Napoleon Hills Denke nach und werde reich zu den erfolgreichsten Büchern aller Zeiten. Nun ist erstmals die vollständige und ungekürzte Ausgabe von 1937 auf Deutsch erhältlich.

320 Seiten | Softcover | 14,99 € (D) | 15,50 € (A) | ISBN 978-3-95972-171-4

Die Mental-Dynamite-Serie – Schuber

Napoleon Hill

Die Mental-Dynamite-Serie erstmals gesammelt in einem hochwertigen Schuber! Napoleon Hill verfasste die Reihe bereits vor dem Zweiten Weltkrieg, doch in den Kriegswirren geriet das Werk in Vergessenheit. Nun erscheinen seine bisher unveröffentlichten Erkenntnisse erstmals auf Deutsch. Alle drei Bücher helfen Ihnen auf dem Weg zum Erfolg: Wie man seine Gedankenkraft gewinnbringend einsetzt, warum der Wunsch nach Ruhm und Reichtum alleine noch lange nicht zum Ziel führt und wie man seinen Weg zum Erfolg geht.

Enthaltene Titel: Nutzen Sie die Kraft Ihrer Gedanken, Warum Wünsche keinen Reichtum bringen, Der Weg zum persönlichen Erfolg.

750 Seiten | Schuber | 39,99 € (D) | 41,20 € (A) | ISBN 978-3-95972-317-6

Dein Grundrecht auf Reichtum

Napoleon Hill

Mit seinem Millionenbestseller Think and Grow Rich schuf Napoleon Hill einen bahnbrechenden Wegweiser auf dem Weg zum Reichtum. Sein Grundsatz: Jeder hat das Recht auf Reichtum. Reich zu sein beschränkt sich dabei nicht auf enge Parameter wie Geld und Ruhm oder nur das Materielle. Sie verdienen es, in jeder Hinsicht reich zu sein – persönlich, geistig und finanziell.

Basierend auf diesem Grundsatz entstand eine Vortragsreihe, mit der Napoleon Hill seine Zuhörer in seine Erfolgsgeheimnisse einweihte. In Dein Grundrecht auf Reichtum ist die Erfolgsphilosophie aus den wichtigsten und bedeutendsten Reden von Napoleon Hill nun erstmals in schriftlicher Form zusammengefasst. Das Buch hilft dabei, die 17 Prinzipien, die Napoleon Hill in Think and Grow Rich als die wichtigsten Grundsätze für Wohlstand und Glück identifiziert hat, im eigenen Leben zu implementieren und umzusetzen.

320 Seiten | Softcover | 16,99 € (D) | 17,50 € (A) | ISBN 978-3-95972-171-4

Mit positivem Denken zum Erfolg

Napoleon Hill

Erfolg, Gesundheit, Glück und Reichtum hängen davon ab, welche Entscheidungen wir treffen. Denn unser Verstand gleicht einer Münze mit zwei Seiten: Auf der einen Seite sind die Buchstaben PMA (Positive Mental Attitude) und auf der anderen NMA (Negative Mental Attitude) eingraviert. Eine positive Einstellung zieht das Gute und das Schöne an. Die negative Einstellung hingegen nimmt uns alles, was das Leben lebenswert macht.
Für dieses Buch haben sich Napoleon Hill und der Multimillionär W. Clement Stone zu einer der bemerkenswertesten Partnerschaften aller Zeiten zusammengeschlossen. Das Ergebnis war Mit positivem Denken zum Erfolg und die Idee, dass mit der richtigen Einstellung jeder seine Träume verwirklichen kann. Das Buch, das Generationen von Menschen, die eine bessere Lebensweise suchen – und gefunden haben –, zum Erfolg geführt hat, jetzt erstmals auf Deutsch.

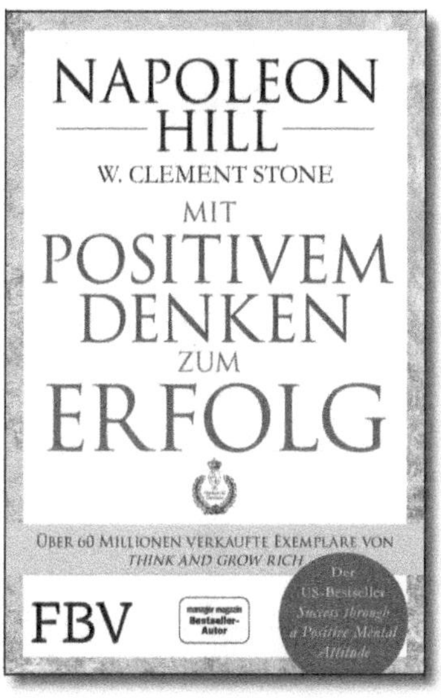

368 Seiten | Softcover | 16,99 € (D) | 17,50 € (A) | ISBN 978-3-95972-222-3

Auf der Straße des Erfolgs

Napoleon Hill

Warum scheint manchen Menschen alles im Leben zu gelingen und anderen nicht? Weil die einen orientierungslos umher irren, während die anderen den Weg zum Erfolg kennen.
Denn auch wenn die Lebenswege eines jeden Einzelnen unterschiedlich sind, verläuft die Straße zum Erfolg stets entlang der gleichen Route, und diese Route ist gespickt von bestimmten Wegweisern, die man verstehen und befolgen muss, um ans Ziel zu gelangen.
Mit Think and Grow Rich hat Napoleon Hill eine ebenso zeitlose wie überzeugende Anleitung für persönlichen Erfolg erschaffen. In Auf der Straße des Erfolgs beschreibt er die Prinzipien seines großen Bestsellers eindrücklich als Wegweiser, die dem Leser den Weg zum Erfolg zeigen werden.

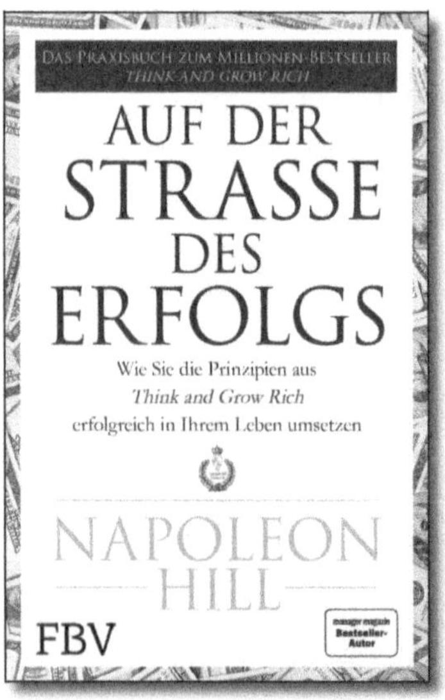

224 Seiten | Softcover | 16,99 € (D) | 17,50 € (A) | ISBN 978-3-95972-210-0

Der tägliche Stoiker

Ryan Holiday; Stephen Hanselman

Wie findet man das wahre Glück? Wie lässt sich Erfolg wirklich bemessen? Und wie geht man mit den Herausforderungen des Alltags wie Wut, Trauer und der Frage nach dem Sinn des Ganzen um

Die Autoren haben das Wissen der Stoiker in 366 zeitlose Lektionen verpackt und zeigen, dass die Philosophie des Stoizismus nicht nur zeitlos, sondern gerade für unsere hektische und unsichere Zeit ein Segen ist. Weisheit, Mut, Gerechtigkeitssinn und Selbstbeherrschung sowie Gelassenheit lassen sich erlernen und helfen uns, in der zunehmenden Komplexität unserer Welt zu bestehen. Die uralten Weisheiten der Stoiker, gesammelt und kommentiert, unterstützen bei diesen alltäglichen Herausforderungen.

432 Seiten | Hardcover | 24,99 € (D) | 25,70 € (A) | ISBN 978-3-95972-045-8

Der tägliche Athlet

Maximilian Breböck; Leon Brudy

Egal, ob Anfänger, Fortgeschrittener oder Profi – Der tägliche Athlet ist DAS Tool für alle Athleten und die, die es noch werden wollen.
Tag für Tag stellt der Kalender einen Athleten oder eine andere bedeutende Persönlichkeit samt inspirierendem Zitat vor und geht dabei auf die Themen ein, die jeden Sportler bewegen: anfangen statt aufschieben, sich einem Wettkampf stellen, mit Rückschlägen umgehen und sich auf das Wesentliche konzentrieren – die Freude am Sport.
Dabei verbindet dieses Buch das körperliche Training mit Themen wie Motivation, Disziplin und Durchhalten – denn so, wie wir im Sport sind, sind wir auch im Leben.

384 Seiten | Hardcover | 24,99 € (D) | 25,70 € (A) | ISBN 978-3-95972-425-8

Der tägliche Biohacker

Max Gotzler

In einer Welt voller Versprechungen werden uns täglich schnelle Erfolge in Aussicht gestellt. Diese sind in der Regel nur von kurzer Dauer, wenn sie denn überhaupt eintreten. Wer die großen Erfolge feiern will, braucht Durchhaltevermögen, eine positive Einstellung und den Blick für das Wesentliche. Was würde es also für das eigene Leben bedeuten, wenn man ein ganzes Jahr lang, Tag für Tag, seine guten Vorsätze umsetzen würde?
In diesem Buch sind 366 Lektionen verpackt, die täglich helfen, das eigene Leben nach den persönlichen Vorstellungen zu gestalten. Die Lektionen liefern kleine Aufgaben und Wissenswertes, um motivierter in den Tag zu starten, sich gesünder zu ernähren, produktiver am Arbeitsplatz zu sein und besser zu schlafen. Denn es sind die täglichen kleinen Dinge, die die größten Unterschiede machen.

512 Seiten | Hardcover | 24,99 € (D) | 25,70 € (A) | ISBN 978-3-95972-200-1